U0396012

东南大学出版社

蔡楚秋　著

常州城市年轮的

建筑记忆

图书在版编目（CIP）数据

常州城市年轮的建筑记忆 / 蔡楚秋著 . -- 南京：
东南大学出版社，2024. 8. -- ISBN 978-7-5766-1568-5

Ⅰ . TU-092

中国国家版本馆 CIP 数据核字第 20245GB379 号

责任编辑：宋华莉　责任校对：子雪莲　封面设计：吴玲　责任印制：周荣虎

常州城市年轮的建筑记忆

Changzhou Chengshi Nianlun De Jianzhu Jiyi

著　　者	蔡楚秋
出版发行	东南大学出版社
社　　址	南京四牌楼 2 号
出 版 人	白云飞
邮　　编	210096
网　　址	http://www.seupress.com
经　　销	全国各地新华书店
印　　刷	常州报业传媒印务有限公司
开　　本	700 mm×1 000 mm　1/16
印　　张	14.25
字　　数	249 千字
版　　次	2024 年 8 月第 1 版
印　　次	2024 年 8 月第 1 次印刷
书　　号	ISBN 978-7-5766-1568-5
定　　价	128.00 元

※ 本社图书若有印装质量问题，请直接与营销部调换。电话（传真）：025-83791830。

序

我认识楚秋先生已有十多个年头，是因为共同保护文化遗产的缘故。那时我在江苏省文物局工作，他担任常州市人民政府副秘书长，分管文化等方面的工作。当时常州正在参与申报国家历史文化名城和中国大运河申报世界文化遗产工作，由于这两项工作对于常州来说意义十分重大，再加上时间紧、要求高、任务重，楚秋先生作为负责组织与协调工作的领导，所以我们见面交流的机会相对频繁，也因此日渐熟稔。楚秋先生是我在县市见到的领导干部中言谈举止尤显儒雅的一位，每次开会都坐在那里静心倾听、疾书记录，从来不插话，轻易不发言，表现出极高的修养。即使需要表态时言语也不多，但表达的文化理念和措施目标，说得有板有眼、干净利落，给人一种诚心满满、十分靠谱、可信可行的感觉。事实上综合当时各省、市的情况，我们对常州实现这两件事的成败不无担心。最后，通过数年的努力，他们以钟爱城市的文化情怀、做好事业的强烈愿望和保护遗产的扎实行动，赢得了有关专家和上级主管部门的充分认可。

文化有许多定义，但对于文物工作者来说，"文化是情感的记忆"颇为贴切。对一个物件如此，对一组建筑如此，对一座城市也是如此。我们对这个城市、建筑和物件的实用功能、艺术价值、形态品质，特别是与人类自身相关的生活方式等，有多大的影响、多深的记忆、多浓的情感，它就会有多厚重的文化。所以对于文化遗产的保护，我们这几年一直强调它的价值普遍性、文化真实性和形态完整性。这也是全世界文化遗产保护的普遍共识。其实就是强调人类群体的这份情感、这份记忆。当我读到楚秋先生的《常州城市年轮的建筑记忆》手稿时，脑子里再一次清晰地想起这些文化遗产保护的理念。

常州是一个有历史、有底蕴、有文化的城市。在遥远的史前年代，常州作为江南大地的重要组成部分，这里拥有和尚墩、神墩、圩墩、寺墩、象墩、三星村、秦堂山、新岗等众多遗址。马家浜、崧泽、良渚文化在这片土地上如花如卉、遍地绽放。郑陆的寺墩遗址所呈现的文化形态甚至一度占据着那个时期的文明高地。即使到了古吴文化时期，阖闾城遗址、淹城遗址、胥城遗址等依然标志着常州在那个时期的文化辉煌。泰伯奔吴荆蛮，季子封邑延陵。常州从此开始了具有确切纪年的历史。吴越轮雄、春秋争霸也让常州拥有了吴文化核心区域的名号。经过三国两晋南北朝多民族奋争的历练，常州作为萧氏故里再次垒起了齐梁文化的高峰。唐五代之后常州相继建设了内子城、外子城、罗城和新城等，成为历代郡州、府署之治所。伴随多次北方人口大规模的南迁以及京杭大运河的贯通，常州真正成为"江左名区，中吴要辅"。清雍正四年（1726）起，常州管辖武进、阳湖、无锡、金匮、宜兴、荆溪、江阴、靖江8县，始称"八邑名都"。在长达数千年的历史长河里，常州屹立吴头楚尾，自觉包越纳楚，一向科举兴盛、名家辈出、异峰叠起，"儒风蔚然，为东南冠"！

文化是人类群体创造并共同享有的整个生活状态，包括物质和精神生活的外化及其痕迹。城池、聚落、村庄、建筑等人类居住和活动的场所，是最能代表人类生活方式的物化符号。所以有人说，建筑是历史演进和城市变迁的年轮。早在6 000多年前的新石器时代，常州的先民就在圩墩等地建立了原始村落。他们采用竹木、草秸搭建的干栏式建筑，有圆形的、有方形的……在常州的最新考古中发现，还存在有超大规模的长方形建筑。在建筑材料大为进步的秦汉之后、在榫卯技术近乎完美的唐宋之后的漫长岁月里，常州城紧跟先进建筑文化的潮流，出现过毗陵宫、崇法寺、天宁寺、皇华馆、大观楼、东第园、止园、司徒庙等诸多著名建筑。它们也一直深深地留在常州人的记忆里！

沧海桑田，古城易变。经过无数次"城头变幻大王旗"式的朝代更替，今天我们所能看到的城垣、河道、桥梁、街巷、建筑等等，屈指可数、弥足珍贵。春秋的河、宋元的桥、明清的房，无一不是城市的瑰宝和历史的印记。特别是近几十年来，高楼大厦鳞次栉比，城市面貌日新月异，许多有时代性、代表性和人文性的建筑，一夜之间被夷为瓦砾、化为乌有，消弭了一代人的情感记忆，令人不胜唏嘘。富有时代特征的建筑就是这个城市的年轮。我们的城市有什么样的建筑，就标志着这个城市有什么样的历史。有人说过超过50年的建筑就算得上文物建筑，我觉得有一定的道理。这些建筑对于一代人有着深刻的历史记忆、独特的身份认证、别样的空间体验……我们有理由、有必要去研究它、保护它。楚秋先生怀着对文化的情怀、城市的热爱和历史的责任，选择了存世 50 年左右、保持原真性的建筑物为研究对象，记录了这些建筑的前世今生和来龙去脉，叙述了曾经岁月中发生的点点滴滴、闪光片段，这些记录无不反映了当时时代背景下的社会发展和市井生活。从建筑的视角记录历史过往、记录世态冷暖，既是这本著作的特质和品质，更是城市历史和文化传承中有温度、有价值的史料，值得大家一读。当前全国正在开展第四次不可移动文物的普查工作，楚秋先生的《常州城市年轮的建筑记忆》中的工人文化宫、电信大楼、椿庭大楼、大庙弄电视塔、"未来属于我"雕塑、亚细亚影城、五星储油罐等，都是极其丰富的文化形态和常州人民耳熟能详的情感记忆，完全可以成为这次文物普查的一个重要线索。《常州城市年轮的建筑记忆》的出版也一定会对有关部门的调查、认定有重要的价值。我还觉得如是选题对其他城市文化遗产保护也有借鉴意义。

常州组织申报国家历史文化名城已约 30 年，常州成为国家历史文化名城也有近 10 年了。经过这么长时间的历练，常州的文化人士仍然按照国家历史文化名城的保护理念，收集整理较长时期城市建筑的人文历史信息，在精心呵护和有机更新着这座城市，说明国家历史文化名城保护的理念已经在他们心中根深蒂固了，常州申报国家历史文化名城的目的达到了。从楚秋先生这本书稿的立意和内容可以窥见，常州是一座名副其实的历史文化名城。

我一直深信文化是城市发展的原动力和持久力、前进的方向和目标、自信的出发点和归宿点。一个城市有多长的历史，就有多远的未来。保护历史文化就是塑造未来形态。我由衷地为记录、保护、传承这座城市文化的人们点赞。

鉴于此，我祝贺《常州城市年轮的建筑记忆》一书的出版，并欣然为之作序。

刘谨胜

2024 年 2 月 28 日于南京

（江苏省文物局原局长、研究员）

目录

武进医院病房大楼

几乎占了局前街半条街的常州市第一人民医院，在她沧桑百年的历程中有许多辉煌和高光的时刻，但最难以磨灭印记的还是百年前首任院长芮真儒博士（W. B. Russell）以及 1933 年 7 月 1 日落成启用的武进医院病房大楼。

清光绪三年 (1877)，常武地区创建长年医局，每年施诊给药，以拯危扶困。1913 年 7 月 5 日，经当时议事会议决定，在原育婴堂的基础上改办"武进临时医院"，以救济为宗旨，诊治一律不收医药金。所谓"临时医院"，即一年之内，仅夏历 6 月 15 日至 9 月 15 日这三个月内开院诊治。"临时医院"治疗范围以时疫为主，医院分为两部，其中特别病部专治时疫、霍乱、吐泻急症；普通病部诊治内外科各症，院址设在东下塘李公祠。1915 年，按例于夏历 6 月 15 日开诊的"临时医院"，因经费未能落实只得暂缓开办。后由商会、农会、四乡公所、公善堂等合垫 1 000 元以解燃眉之急，医院方于 7 月 31 日开诊。

"临时医院"开办五年，时办时辍，经费、医资等项问题，政府均无力解决。本邑人士凡遇疑难重症，仍须远道苏州、无锡诊治，深感不便，于是地方人士便有创办"常年医院"的愿望。1918 年 4 月，地方商会、四乡公所、公款公产管理处等联合具函，推派士绅钱琳叔[1]为代表，专程至无锡普仁医院，请求在常州设立分院。

无锡普仁医院是美国"圣公会"所办的教会医院，常州不属他们的教区，因此无意向常州发展，于是推称缺乏人手，将函件转至苏州博习医院[2]。苏州博习医院是美国"监理公会"[3]所办的教会医院。早在 1914 年"监理公会"在常州已有传教活动，在常东和常北教区设有教堂和学校，设立医院系教会必办之事。博习医院接函后，即与华东年议会洽商，并电告美国总布道会，得到回电表示赞成。"监理公会"于是决定派医师芮真儒、传教士施密德以及药剂师段彦琛来常筹办医院。

芮真儒（1882—1925），美国肯塔基州奥克维尔人（Oakville, Kentucky），1908 年获田纳西大学（The University of Tennessee）医学博士学位，后在印第安纳州埃文斯维尔（Evansville, Indiana）任医生。此后他作为医学传教士辗转来到中国，先后在南京卫理公会医院（金陵大学南京鼓楼医院前身）、苏州博习医院（现苏州大学附属第一医院）任医生，1918 年奉派常州创办医院。

当年 5 月，芮真儒来到常州后，随即与各公团磋商开办事宜。经商议，暂借旧阳湖县署[4]文昌阁楼房及平屋 30 余间作为院址，购置木床 30 张，因陋就简设置了临诊室、割症室、药室、化验室、消毒室、重症病房等，定名为武进医院。开办经费由教会与地方公团各半负担，常年经费除医院收入外，地方每年拨款 1 000 元，不足部分由教会补贴。6 月 2 日，"监理公会"正式委派芮真儒为院长，段彦琛为副院长。

1918 年 7 月 1 日上午，武进医院举行开幕典礼[5]。牧师祈祷后由干事报告筹建情况，县知事代表石蕴山致颂词，童伯章[6]、庄伯俞[7]、王完白[8]等名流士绅相继发表演说。

1920 年 2 月 7 日，芮真儒主刀成功施行本邑第一例剖宫产，随后医院收到病人王实琦赞扬芮医生医术的感谢信。此后，由于医务人员的努力，医院名声大振，来院求治者日益踊跃，应接不暇，大有人满之患。

1926 年 10 月 17 日的《武进商报》上曾刊有纪念芮真儒的文章称，"病多医少，应付为难，先生对于来者不拒，日有不足，继之以夜"，"西人习惯，食必西餐，卧必铜床。先生来常之后，未携眷属，且院中百废待举，经济不充，未能顾及自己个人之设备，每餐概用华式饭菜，夜则卧于华式藤榻，偶一反侧，即堕于地，起而仍睡，视之安然，不以为苦"。由此足以说明在武进医院创办之初，条件之艰苦、

医务之繁重，以及芮真儒不顾个人得失、服务民众之献身精神。

面对百姓的就医需求，芮真儒早有发展医院的雄心。按他的设想，建立新式医院必须另觅院址新建医院，但经费预算约需 11 万元之巨，医院实在是难以承受，后虽经多方面争取交涉，终因巨款难筹而告吹。

1921 年，医院董事会商议认为医院借用公处终非久计。于是由地方各公团提议，并经财政部核准，允许武进医院使用旧阳湖县署全部土地，包括土地上原有房屋 80 余间，由"监理公会"出资约 6 000 元购进，前置的警察所内土地及房屋 20 余间亦全部划归医院，至此，医院基本成形。交通方面陆路由马山埠进出，水路由两只固定渡船与后北岸相通，经唐家湾、太平桥可直达当时的火车站附近。

其间，在芮真儒的主持下，医院按照新式医院的构架，先后添置了"爱克司"光机、显微镜，病房内的木床也一律改用铁床，先后聘请多名外籍和外埠各科医生。1919 年医院还附设看护学校，培养护理人才，经培训后在医院留用。

芮真儒还因地制宜，陆续建有护士长住宅，护士学校教室、宿舍，以及医生员工住宅、水塔等。1923 年，鉴于死者家属在医院随地焚化冥仪，有碍医院观瞻，在当时的西首空地建起了"慎终堂"（即"太平间"）。当年，医院还建洋房公寓一座，由当时的上海工程师沈杏初承揽，但因工程造价亏空，工程久拖不决，沈逃避上海。6 月，芮真儒在《新武进》报上登载要求惩处的声明，后工程才得以竣工。

1923—1924 年间爆发了"江浙战争"，江苏齐燮元、浙江卢永祥两大军阀混战，生灵涂炭。武进医院受红十字会委托，担任收容伤兵事宜，当时医院吃紧程度为建院以来所未有。战时共收住院和门诊伤兵千余人次，直到 1924 年 10 月下旬随战事渐趋平息。战时状态下，芮真儒本着人道主义的精神，对重症急症伤兵亲自主刀，但电力供应时常不足，有时最早到下午 5 点才来电，因为手术频繁而常常忙到深夜，也正因为如此，芮真儒积劳成疾，为日后的不测埋下了隐患。

风云突变，烽火再燃。1925 年 1 月齐燮元反戈，奉系军阀张作霖命军长张宗昌南下驱逐齐燮元，战祸又起，医院再度肩负救死扶伤任务。其间，芮真儒幼子在庐山牯岭患病，先生得悉后星夜兼程前往探望，风尘劳顿，回到常州后就发热头痛几乎病倒，但仍照常诊务。2 月 16 日张宗昌途经常州，当天气候寒冷异常，芮真儒抱病出城面见军长，希冀募得捐款以弥补江浙战乱给医院带来的损失，但未遂其愿，结果令他失望。先生回医院后多日高烧不退还伴有惊厥、神志不清，并被确诊为伤寒症。苏州博习医院曾派医生来常会诊，次日又专车将其转往博习医院，但病入膏肓为时已晚，24 日先生不幸病逝，后葬于苏州教会公墓。社会各界及百姓民众对院长芮真儒的英年早逝，无不痛心疾首扼腕叹息。

芮真儒离世后，博习医院曾派苏迈尔医生任代理院长。1925 年 6 月"监理公会"正式委派美籍医生贝德[9]担任第二任武进医院院长。面对求医需求以及芮真儒先生的遗愿，贝德院长决心建造医院大楼。

1929 年冬，教会凯思主教来医院视察，看到了医院的现状，表示将利用他的能力来斡旋促成。此时适逢贝德院长回美国休假，他利用休假机会四处游说奔走相告。由于贝德的同学、"监理公会"会督甘保罗先生出面帮助，加上凯思主教的不懈努力，终于获得由圣安东尼奥（San Antonio）富贾之遗孀伊达·史蒂文逊夫人捐助的 25 000 美元作为建造医院之用，"监理公会"也同意拨助 25 000 美元用于购置医疗设备，芮真儒的夫人也将先生身故保险金 1 000 美元倾囊捐出，地方士绅也表示愿意筹款 2 万余元，次年 10 月各方捐款捐助就已凑足备齐。

病房大楼由无锡实业建筑公司承包，聘请上海江应鳞[10]工程师设计建造，式样参照苏州博习医院的图纸，门诊楼则由本城青山桥西上街钱虎大木匠承包，经过一年的筹备，1931 年冬季破土动工，1933 年夏，病房大楼、门诊楼两工程基本竣工。

图 1-1　1933 年的武进医院病房大楼
来源：常州市第一人民医院档案室

常州书法家唐驼[11]书写的"武进医院"四个大字镶嵌在病房大楼门楼正中。考虑到捐款的原因，一度曾题名为"史蒂文逊纪念医院"，上报材料则称"江苏常州武进医院"，但两个名称均未通过，仍以人们所熟知的"武进医院"命名（图1-1）。

1933年7月1日是武进医院创办15周年纪念日，又逢新院竣工，为此举行了隆重的开院仪式并补行奠基典礼。仪式于当天下午举行，各机关、公团、士绅等中外代表300余人，聚集病房大楼西首礼堂。各团体赠送的银屏、对联、镜框目不暇接，宾客济济一堂。地方士绅钱琳叔、传教士霍约翰和副院长分别做了演讲。礼成前，将医院15年历届报告、首任院长照片、历任及现任医护人员和职员的姓名，当日《上海报》和本城《武进中山日报》，现行银币、角子、铜元及来宾签名簿等，封存在紫铜匣内并砌入墙脚下，外面盖有大理石。

新建的病房大楼，建筑面积2 800平方米，中间4层，两翼3层，红砖红瓦，钢筋水泥结构，这在当时的常州城，着实令人瞩目。加上大楼前面植以花草，后面辅以假山凉亭，更显得雄姿挺拔。大楼的内部设备均系新式，齐备完善。整座大楼包括设备，概算5万美元，折合当时中国币40万元。为了纪念已故首任院长芮真儒，看护学校改名为真儒高级护士职业学校，并在病房大楼另辟有芮真儒纪念堂。直到抗战前夕，医院同人励精图治，使医院面貌焕然一新，诊治能力提升，深得民众爱戴。

1937年11月，日军飞机轰炸常州，武进医院也未能幸免，门诊楼全部被烧毁，病房大楼屋面大半被炸毁，东翼平台被炸穿，80%的门窗被炸坏。1939年下半年，"监理公会"拨款修建毁损的病房楼，重建门诊楼，由本城木匠蒋坤培承包。

1942年8月，日军强行占领医院，并将医院改为"27师团第四野战医院"。

当年夏秋季，常武地区霍乱流行，许多平民失去生命，而武进医院却沦入敌手，百姓不能入院治病，一时社会反响强烈。此后，日军迫于压力，加上常州绅士江上达、赖偶等人的交涉，同意将崇真女校[12]改成医院，院名定为"公立武进医院"，并同意带走一部分医疗器械。

1945年抗战胜利，武进医院由国民政府接收。1948年9月，医院从教会捐得1 200美元，又从"援华委员会"筹得国币12万元，将病房大楼东西两翼各加高了一层，建筑面积也由原来的2 800平方米增加到3 528平方米，新增加了几十张病床，因有外籍女性捐助，指定为妇产科病房。新中国成立后，武进医院回到了人民的怀抱。1955 年医院改名为常州市人民医院，1956 年又更名为常州市第一人民医院。

百年后的 2018 年，常州市第一人民医院已经是一家拥有开放床位 2 180 余张、41 个临床科室、15 个省级临床重点专科、门急诊超过 220 万人次，总建筑面积超过 30 万平方米的三级甲等医院。所幸的是，历经百年岁月沧桑，这幢被医院编为 8 号楼，前后有烧伤、小儿科等多个病区进入，现在是医院住院结算中心，被列为省级文物保护单位的红色洋楼依然伫立在医院中央（图 1-2）！尽管与周围林林总总的高楼大厦相比，她显得有些弱小，但她的历史耐人寻味，使人崇敬缅怀。

欣喜的是，芮真儒和贝德两位先生的后裔及家族成员自 20 世纪 80 年代开始，一直与医院保持往来，从事医学的后裔还来医院进行不同学科的学术交流，继续着两位先贤的大爱无疆。2009 年，医院将购入的位于局前街的常春大厦命名为真儒大厦，以纪念先生不可磨灭之丰功。

图 1-2 常州市第一人民医院 8 号楼（摄于 2024 年）
来源：常州市城市建设档案馆

本章注解

1　钱琳叔（1877—1943），又名钱以振，生于清光绪三年（1877），常州城区人，居于雪洞巷半园，著名社会活动家、实业家。早年好研究新政，喜办学。曾办"半园"女校，筹设师范讲习所，并赴日本考察，后组学务公所。清宣统元年（1909），当选为江苏省谘议局议员，翌年被选任武阳城厢自治公所总董。辛亥革命后，钱致力于实业，1917年前后曾发起组建常州商业银行和富华银行。1919年钱当选为武进县商会会长，积极发展公用事业，相继成立电话、电灯公司，并设公园、医院等。1932年，钱等创办工学团，出口印花绒，针对当时日军侵占中国东北的政治形势，以"卧薪尝胆"为商标，寓有唤醒国人发愤图强、救国雪耻的爱国意义。翌年，钱任市公益事务所总董。1934年，钱任农村指导委员会主席，又任商团团长多年，1943年病逝于上海。

2　博习医院创建于清光绪九年（1883），是美国基督教监理公会在中国设立的第一家教会医院。博习医院为旧时苏州规模最大、设施最为齐全的综合性西医医院，创办者为美国人兰华德和柏乐文。清宣统三年（1911）新院落成，有三层半住院大楼和两层门诊楼各一幢。门诊楼外墙以苏州产陆墓金砖砌成，侧面有铭文。1952年8月为苏州医士学校附属医院，1954年10月更名为苏州市第一人民医院，1957年8月更名为苏州医学院附属医院。博习医院旧址位于苏州城区十梓街东首，2004年被列为苏州市文物保护单位。

3　监理公会，为美国南方基督教新教卫斯理宗的教会，基督教新教七大宗派之一。美国独立后，卫斯理派教徒脱离圣公会而组成独立的教会。1844年该会南北分裂。南方于原名后加South（意为"南方"）一词，在中国译称"监理公会"，鸦片战争后传入中国，1939年与美以美会（The Methodist Episcopal Church）、美普会（The Methodist Protestant Church）合并为卫理公会（The United Methodist Church）。

4　阳湖县署，阳湖县之名始于阳湖，阳湖系湖泊名，因靠近阳山而得名。清雍正二年（1724），析武进县东部设置阳湖县，清咸丰十年（1860）太平军攻占常州，阳湖县衙被作为太平天国护王陈坤书的王府，清同治十年（1871）阳湖县在原址重建县署，1912 年撤废阳湖县。现存两进楼屋位于第一人民医院内。

5　1918 年 7 月 1 日，《武进报》登载武进医院开办广告："本院系监理公会及常
州士绅、商民集资创设。聘请苏州博习医院美国医学博士芮真儒为院长并主任
医务，统治男、妇、内、外科、儿科、眼科、产科、戒烟等一些难症。院内设
有清洁病房，酌收男女病人。规定于七月一日行开幕式，二日即诊。门诊：上
午十点至十二点；出诊：下午二点至五点。门诊：头等大洋一元；二等小洋一角；
贫民不收诊金，且免药资。请本院西医出诊，上午十二点前五元；下午二点至
八点三元；夜间八点至清晨五元，轿金每次二十元。若遇真贫难产，可酌量减
轻出轿金或免收轿金。"

6　童伯章（1865—1931），名斐，江苏宜兴人，清末举人。清光绪三十三年（1907），
常州府中学堂创办时，童伯章受聘担任国文教员，后兼任学监。1913 年，常州
府中学堂改名为"江苏省立第五中学"（今常州中学），童伯章被任命为校长。
他前后在校 19 年，其中任校长 12 年，是新中国成立前该校任职时间最长的一
位校长，当时江苏中等教育界有"苏南五中，苏北八中（今扬州中学）"之说。
童伯章是民国初期一位令人敬仰的教育家。

7　庄伯俞（1876—1938），江苏武进人。清光绪二十六年（1900）受聘为武阳公
学教习，热心开展社会教育活动，曾与友人在家乡创办体育会、演说会、天足会、
私塾改良会、藏书阅报社等，后入商务印书馆任编译，与蒋维乔合编《最新语
文教科书》，全书包括初等小学堂用书十册、高等小学堂用书八册，是中国近
代第一部形式和内容均较完备的教科书。

8　王完白，1884 年生于浙江绍兴，出身于牧师家庭，毕业于苏州伊利萨伯医学校，
1909 年获得医学博士学位，1913 年赴日本千叶医学专门学校，研究细菌学。历
任沪宁铁路医官（1909），江阴县福音医院代理院长（1910—1913），常州医
学校校长及常州福音医院院长（1914—1931）。1914 年 10 月，年仅 30 岁的王
完白受中国红十字会总会会长沈敦和委令，负责创建中国红十字会常州分会，
先在局前街福音医院设立常州分会筹备处，并任理事长。王完白是常州红十字
会的奠基人与创建者。

9　贝德（1989—？），美国人，美国埃默里大学（Emory University）医科毕业。

1925 年奉派任武进医院院长，1929 年回美休假并为武进医院募捐奔走。1936 年回美任教，1938 年再度来常，恢复武进医院。1941 年太平洋战争爆发，被迫再度返美。1946 年来常接收一度被日军占领的医院，并向教会等机构呼吁救济，1947 年奉调离开武进医院。

10 江应麟（1900—1988），江苏无锡人，著名的建筑设计师，无锡现代建筑业的先驱人物，与其胞弟江一麟、江祥麟号称无锡建筑界"江氏三杰"。江应麟1921 年毕业于交通大学土木工程系，1922 年创办无锡实业中学。1927 年开办实业建筑公司，致力于无锡工业、市政、公共事业及住宅的建筑设计。抗日战争爆发后，移居上海法租界，继续从事建筑设计。新中国成立后，受聘于华东建筑工程公司，任顾问、主任工程师，1952 年任华东建筑工程局技术处处长，1954 年任西北建筑工程总局技术处处长、副总工程师，曾参加国家建委关于第一个五年计划中《国家建筑设计预算定额》的编制工作，任编委会主任委员。无锡庆丰纱厂、印染厂、锡宜公路、锡澄公路、市图书馆及常州崇真女校等都由江应麟设计。江应麟故居位于槐树巷 4 号卫生防疫站院内，其住宅因独具的中西合璧风格，近年出现在多本无锡"老房子"画册里。

11 唐驼（1871—1938），原名成烈，字牧权，号曲人，江苏武进人。我国近代印刷业的开拓者。其书法秀美遒劲，含蓄朴茂，时称唐体，与沈尹默、马公愚、天台山人并称题额写匾四大圣手。因写字坐姿不正而成驼背，改名唐驼。代表作有《武进唐驼习字帖》《孝悌祠记》《育合堂记》等。

12 崇真女校旧址位于钟楼区鸣珂巷幼儿园内，清代末年，美国基督教会在常州市中心北直街开办"崇真中西女塾"，校长为美国人罗淑君女士，校址办学始于1923 年。2018 年 3 月 25 日，常州市人民政府公布崇真女校旧址为常州市第七批市级文物保护单位。

椿庭大楼与供电大楼

在古老的局前街东首，有两幢大楼成犄角状呼应而立。一幢就是位于局前街与和平路转角处的椿庭大楼，一幢就是局前街靠南的供电大楼。这两幢建于不同年代的大楼，与两个人、与电力在常州的发展有一段不同寻常的故事。

椿庭大楼始建于1931年，楼原主人叫顾椿庭。顾椿庭（1881—1937），又名顾润生，武进薛家人，家境贫寒，木匠出身，16岁满师自立，在青果巷开设小木器铺，后经介绍到上海地政局当工人，改名椿庭。时值民国初期，列强进入上海，四处扩张地盘。但根据中外签订的协议规定，外国人只能在租界里购置土地，建造房屋，所以租界外的土地基本还是农田，且价格很低。与中国任何农民对土地的依赖一样，穷苦人出身的顾椿庭对土地的渴望也十分强烈，他认为土地是宝，如果没有工作，可以耕地种菜，聊以谋生。于是他就利用尚未开发的荒地，购置申报并取得了土地所有权。不久该地块被圈为英国租界，英国商人愿出百倍高价购买该地块，因而顾椿庭获资巨万，摇身变成了房地产富翁。此后顾椿庭弃工经商，兼办营造，并开设盐栈及怡庭公司，生意大有发展。

1931年，年届半百的顾椿庭，有"叶落归根"之心，想回家乡做一番事业，于当年下半年回到常州，在旧城墙中山门内，购地建造了一座三层L形大楼，时称"华

图 2-1　椿庭大楼原貌
来源：《记忆龙城——百年常州旧影集》，中共党史出版社，2009 年

卿里"，又因为楼为顾椿庭所投资建造，所以大家又称其为"椿庭大楼"（图 2-1）。大楼 1933 年落成，为三层钢筋混凝土建筑，轻巧别致，外观洋气，二、三楼有外延阳台走廊，颇有海派风格，三层面积近 3 000 平方米，房屋 100 间，开设有各类商店、游艺场以及理发美容等服务业门店，不仅是常州本埠早期的商场综合体，也是当时常州城区最高、规模最大的建筑之一。1933 年，为了方便百姓来往火车站，顾椿庭又出资 12 000 余元将中山门的旧吊桥拆除，重建钢筋水泥曲拱形大桥一座，于次年竣工，并命名为"椿庭桥"。时任县令蔡培曾立碑以示纪念："椿庭之桥高且长，名传百世流芬芳。嘉惠行旅福梓桑，后人食德其毋忘。"

新中国成立后，椿庭大楼曾先后由工商银行中山门办事处、物资局物资公司及供电局线路工区所共用，外形面貌、用途功能也多次有变，但在人们的心目中椿庭大楼始终与常州供电相伴相随。1959 年 1 月，常州行政专员公署电业管理局供电所成立，办公地点由东大街迁至椿庭大楼南部，直到 1994 年启动对椿庭大楼改扩建前，线路工区仍驻扎在此。由于椿庭大楼年久失修，经银行、物资和供电三家协商后于 1994 年 12 月进行改扩建，1997 年 4 月开始施工，1998 年 12 月竣工验收（图 2-2）。工程由北京建筑设计研究院设计，常州建筑设计研究院完成后

图 2-2 椿庭大楼（摄于 2024 年）
来源：常州市城市建设档案馆

续设计，常州第三建筑工程公司施工总包。改扩建后的新椿庭大楼为地下一层、地上 16 层框架剪力墙结构，中心弧长 78 米、宽 18 米、高 63 米，总建筑面积扩大到 23 500 平方米。2002 年供电又与物资、银行签署房产转让收购协议，至此供电拥有大楼近九成产权约 20 820 平方米。1999 年 4 月设立当时国内功能最全的用电服务中心，1999 年 5 月作为电力系统培训中心设置的椿庭楼宾馆开业，设有客房 87 间，大小会议室 12 个，可容纳 500 人。

尽管椿庭大楼并非为电力而建，顾椿庭也并非电系出身，但电力也好造楼修桥也罢，都关乎城市的繁荣、百姓的福祉，无论怎样，常州供电与顾椿庭有着渊源、有着牵记。

与椿庭大楼隔路相望的是供电生产调度大楼（图 2-3）。大楼 1985 年 6 月 1 日开工，1987 年 9 月 28 日竣工，现浇框架 12 层、地下 1 层，局部 17 层，楼高 55 米，楼的东段顶部为通信微波塔，塔高 40 米，建筑面积 8 862 平方米，总投资 425 万元，建成时为常州最高建筑。2003 年 12 月又对老楼进行了改扩建，并于 2006 年 10 月竣工，新楼 18 层，建筑面积 19 750 平方米（图 2-4）。大楼由江苏省电力设计院进行地质勘探，由北京建筑设计研究院和常州建筑设计研究院设计，常州第一建筑公司和成章建筑公司等参与施工建设。大楼的两次建设见证的是城市供电能力与城市沧桑变化的水乳交融，也见证了城市的繁荣进步和日新月异。

饮水思源，回首百年前电力在常州的创始，不得不翻开历史的尘封，回想电力先贤吴树棠老先生。

吴树棠（1881—1971），号师召，常州人，与顾椿庭同年代出生，但家庭境遇迥然不同。吴树棠曾在江苏课吏馆学习政法，是知识青年。清光绪二十八年（1902）和清光绪三十一年（1905）分别在苏州阊胥路工程局和上海制造局任职，深受实业救国经世致用风潮的熏陶。清光绪三十四年（1908）回常州任谦泰昶绸布店经理，并被选为武进县商会议董、武进县教育委员和红十字会分会长。

清光绪三十二年（1906），是常州路灯元年。由武进商会创办，具有公益性的煤油路灯开始在市区街巷与人烟稠密之处悬挂，以后随着道路的新增，路灯也

图 2-3　1987 年的供电生产调度大楼

来源：《常州电力工业志》，上海人民出版社，1989 年

逐年增加，直到辛亥革命后的 1913 年 6 月，包括北门外新添设煤油路灯在内合计
110 盏。

身负店主和商会议董双重角色的吴树棠，从路灯数量的年年增加，看到了行人
出行与夜市照亮对路灯的刚需，感到了近代工商业的脉动和曙光，也从中嗅到了电
力需求的商机。

1912 年，吴树棠自筹银元 2 万，与张赞坪、祝大椿[1]、费志超、薛云鹏共 5 人
合股计筹资 10 万银元，于 1913 年 1 月创办武进振生电灯公司，吴树棠任公司经理。
当时在小南门外横兴桥徽州会馆设立发电所，发电容量只有 180 千瓦，仅供电灯
使用[2]。1915 年 2 月 2 日黄昏时分，首批 220 盏 16 瓦电灯在古城南北大街繁华地
段点亮，开启了千年龙城照明新纪元，市民百姓在惊奇惊讶之余，无不为之欢欣鼓舞，
许多有钱人家把安装电灯作为时尚和身份象征，有人赋诗赞其"胜他无须秉烛行，
圆珠替月倍分明"。以后随着商业、手工业和小作坊用电发展的需要，吴树棠四处

图 2-4　2007 年的供电生产调度大楼
来源：国网常州供电公司

奔波，经过努力，1923年经江苏省长公署批准，振生电灯公司更名为武进电气公司，建新厂于大北门外殷家桥北石人嘴，旗帜鲜明亮牌兴办，电力工业初试啼声。

几乎在同一时期的1921年，常州纱厂³自备500千瓦蒸汽发电机发电。同年北洋政府交通部批准在震华制造电气机械厂的基础上成立震华电厂，在磨盘桥设办事处，在戚墅堰建设电厂，并于当年建造33千伏输电线路和东门变电所。1924年震华电厂两台3 200千瓦汽轮发电机组正式发电，33千伏戚常1号线同时投运。也就短短的三年中，常武地区形成了两个电厂分区经营发供电业务的格局，使电力的供给提高了效率增加了产量，为早期的纺织、食品和五金等手工业、工商业的起步提供了稀缺的动力来源，消除了黑夜对人类用于创造财富在劳动时间上的限制，改善了劳动条件，丰富了人们的生活，给城市带来生机和活力，增强了民众谋生的信心。

感天动地的故事还发生在农村。常州还创电力灌溉之先河，这在中国电力史中有鲜明的记载。1924年常武地区适逢干旱，震华电厂协同地方在武进县定西乡⁴蒋湾桥试办电力灌溉，共灌溉农田3 000亩，干旱年仍喜获丰收。"插秧看前排"，有了样板，周边乡村的农民意识到电力灌溉省力省事不误农时，次年又扩展到5个乡，灌地面积近万亩，农民高兴地称赞电力戽水⁵是"电龙"引来"龙王水"。电力进入农田灌溉，一改过去依靠人力挑水车水⁶，为农村电气化发展打开了大门，既扩大了电力应用范围，也为农业增产提供了必要的动力，是电力工业发展过程中的重要收获。震华电厂实行电力灌溉，系全国之首。

这一期间为了维护民营电业的利益，1927年吴树棠发起组织江苏省民营电业联合会，先后任江苏省常务委员、执行委员和全国民营电业联会的执委，为电力发展奔走鼓呼，上下斡旋。

因为震华电厂在业内的地位，1928年国民政府建设委员会将震华电厂收归国有，并改名为戚墅堰电厂，1937年，又将戚墅堰电厂让渡于当时的扬子电气公司⁷统辖。

直到抗战前夕，常武地区仍保持着两个电厂分区经营发供电业务的格局，共有大小发电机组七台套近18 000千瓦，建成了从戚墅堰电厂到东、南变电所两条33千伏线。抗战期间两厂的输配电线路均遭到破坏，电力工业受挫。后经过艰苦的恢复重建，到 1949 年，两厂总装机容量达 231 万千瓦，年发电量 63 200 万千瓦时，有 33 千伏、13.2 千伏、6.6 千伏和 2.3 千伏 4 个电压等级的输配电线路 288 千米，33 千伏变电所 4 座，主变压器容量为 7 000 千伏安。

新中国成立后，百废待兴。受煤炭来源及发电机组容量的限制，发电能力十分有限。特别是 1953 年开始的第一个国民经济五年计划，中心任务是奠定国家工业化基础，这对电力的基础性支撑和保障提出了挑战。当时常州供电的重点是期望通过电网建设争取更多的电力资源，1951 年在武进电气公司和戚墅堰电厂[8]之间建成 33 千伏联络线，联通两个电源，实行并列运行统一调度，结束了两厂孤岛供电的历史，形成叠加和互补效应。1953 年，又建成南京至常州的 66 千伏宁常线，实现了省会南京电力系统和戚常电力系统联网，常武地区有了外援，攀上了省城大树，电网输入电量占当年本地供电量的 27%，改变了地区用电完全依附于本地发电的窘境。电力逐渐进入寻常百姓家，还为恢复生产及更大规模工业建设发挥了不可替代的作用。

这一时期，武进电气公司先后由军管和政府代管，年近七旬的吴树棠仍任公司经理，并积极协助代管。在 1956 年对私改造中，对由吴树棠持股 20.22% 的武进电气公司实行公私合营，并改名为常州电气公司，吴树棠爱国守法积极响应，在常州工商界中产生良好的影响。从 1953 年起，吴树棠老先生还先后担任常州市工商联执委及市第一、二、三等多届人大代表，1971 年在常州终老。他一生中大部分时间与电力为伍，他作为常州电力先行者、开创者的功绩理应载入史册，彪炳千秋。

从 1959 年开始，供电、发电分属经营，发电由省电力管理局领导，为此作为地方职能部门的常州电气公司以电力保障供应、解决供需矛盾为己任，在前后长达近半个世纪的保供过程中，将重点聚焦在通过升压联网、联网扩容，从而加快电网建设，提高受电能力，争取更多的外来电源上。

1959 年 7 月，110 伏变电所建成，由 110 千伏的望常线[9]供电，常武地区第一次出现了 110 千伏电压等级，同年 12 月，66 千伏宁常线也升压为 110 千伏运行，形成了苏南网架，并且通过望沪线与华东 110 千伏系统相连，110 千伏输电线路成为输入常武地区的主供电源线。同时区域内也同步加力升压，第二个五年计划结束时，常武地区原有的 2.3 千伏线路全部升压改造为 66 千伏线路。以后虽历经"文革"，但到 1982 年，随着 220 千伏变电所、220 千伏超高压电网建设的全面推进，常州和华东电网的三大电厂——谏壁电厂、望亭电厂、新安江水电站之间全部实现了双通道输电。常州 220 千伏主变压器的受电能力达 51 万千伏安，并拥有 17 条 220 千伏出线，成为华东电网连接三省一市电力输送的一个重要枢纽。常州电网输入电量占本地供电量的比重由 1953 年的 27% 上升到了 1965 年的 69% 和 1983 年的 80% 左右。

几十年来，无论是以乡镇工业为代表的"苏南模式"，还是以"八条龙"为代表的工业"明星城市"，以及以招商引资为代表的开发园区建设，背后支撑着的都是电力能源的有力保障。错峰用电、集资办电、有序用电，增加了地方电源，缓解并应对电力供需矛盾，提高了电力能源的社会利用率，为常州地区经济建设发挥了独特而重大的作用。

近年来，面对分布式光伏发电并网、汽车充电站和充电桩、用电信息采集系统建设等行业风口和新兴业态，常州供电部门推广上线"营配调一体化"，在省内率先实现全覆盖、全采集和实时监控运营；同步建成遍及城乡的凤林电动汽车充电站和充电桩，开启电动汽车储能服务；并率先探索和推进分布式光伏发电并网服务。常州电网真正实现了强网、智能网的跨越，为多样性、多元化、多层级的社会电力需求勇当电力先行官。

本章注解

1　祝大椿（1856—1926），字兰舫，无锡人，清末资本家、工商实业家，1908 年由清政府赏给二品顶戴。曾任上海商务总会董事、锡金商务分会总理，晚年任上海总商会董事。

2　电灯每盏 16 瓦，每灯离地约 2 丈（约 6.7 米），两灯间距离约 100 步。

3　常州纱厂，1931 年 7 月，改为常州民丰纱厂，新中国成立后称为常州国棉二厂。

4　定西乡，今湖塘镇。

5　戽水 [hù shuǐ]，汲水灌田。

6   车水，即通过水车灌溉农田，而水车作为一种古老的提水灌溉工具，最早出现
     在东汉时期。

7   扬子电气公司，国民政府垄断性的电气制造业机构，1937 年 5 月成立。由建设
     委员会出面将首都电厂与戚墅堰电厂合并改组而成，资本 1000 万法币，主要
     由宋子文创设的中国建设银行公司承担。

8   戚墅堰电厂，1949 年 5 月 1 日苏南军区司令部派李中任戚墅堰电厂军代表，
     1950 年 7 月 29 日戚墅堰电厂改组为苏南电业局，设常州办事处，11 月 25 日苏
     南行政公署批准，武进电气公司于 12 月 1 日由苏南电业局代管。

9   望常线，即苏州望亭到常州线路。

红星大剧院

2009 年末，常州市规划局一则规划公示引发了舆情，公示的内容是要将红星大剧院拆除，市民百姓反响强烈，引起网上热议，甚至受到中央媒体关注。浓厚的"红星情结"让大剧院得以保留至今。

红星大剧院地处老城区延陵西路，周边有人民公园、南大街商业步行街等传统文化商圈，至今已有近七十年历史。

如果溯源常州本埠影剧院的起始，又不得不将镜头拉回到1911年。这年的 4 月，幻影影戏社在内子城玉带桥西堍开张，我国第一部影片《定军山》曾在此播放过。当时常州放映电影有严格的规矩，规定黑夜中不能男女混看电影，以每周二、周五为女子观看日；其余为男子观看日，此时女子是不能入场的。6 月，该社经理为提高卖座率，不顾禁令使男女同场观看，武进县署自治公所董事会的董事大为恼怒，认为"实属有伤风化"，立即呈请县衙查办，饬令停业，由此开张不到两个月的幻影影戏社歇业。

民国时期规模最大、设施最好的影院是建于 1946 年的大光明电影院，位于县直街中段，原为土地堂，由邓祖禹、郭耀宗、郭起瑞等集资建成。影院为砖木结构，面积达 1 100 平方米，有 900 余个沙发座椅。电影院还采用了上海大光明的模式，既有电影放映又有戏剧演出。在民间，有"大光明看电影，马复兴吃点心，人民公园谈爱情"之说。1983年"大光明"改作市政府会场，2008年因地块征收而被拆除，"大光明"从此消失。

直到新中国成立前，常州有电影放映资格的场所近10家，常年放映电影的也有四五家，包括大光明电影院、大华电影院、中央大戏院、凯旋大戏院（即后来的和平电影院）等，另外还有常州大戏院、怡园大戏院、西区大戏院、新丰大戏院、三星大戏院等等，但如今都已不复存在。

红星大剧院的前身为红星戏馆。1954年，由常州市人民委员会、市民主建国会、市工商业联合会三方合资兴建了新中国成立后常州第一个公私合营的演出场所——红星剧院（图3-1），24米跨度，木结构，石棉瓦屋盖，"苏式建筑"风格，1955年12月31日落成。1956年元旦正式开幕，开台戏是北京大风京剧团演出的《风雪破窑记》。此后不久，京剧大师梅兰芳、盖叫天先后应邀登台，为新落成的

图3-1　50年代的红星剧院
来源：《记忆龙城——百年常州旧影集》，中共党史出版社，2009年

大剧院叫座。

为适应百姓群众的文化需求，提高观看影剧的舒适度，1975年，常州影剧公司委托常州市建筑设计室设计新的红星剧院，将剧院由单一的剧场改建为影剧两用场所。1976年10月原建筑拆除，1977年9月8日新剧院竣工（图3-2）。新落成的建筑为钢筋混凝土砖混结构，占地面积2 582.2平方米，建筑面积5 173.15平方米，总投资97.94万元，采用27米跨度的钢管屋架和高2.7米、跨度27米的楼座钢筋混凝土大梁，重建工程由常州第一建筑工程公司承接施工。

重建后的剧院更名为红星大剧院（以下简称红星）。整个建筑退红线16米，形成朝北小广场，东面有开阔的庭院与人民公园相望。新剧院为前厅、观众厅和舞台三进式布局，三大部分置于一条纵轴线上，减少了建筑构造用墙。建筑主立面作不对称处理，并用大面积玻璃代替砖墙。前厅内有圆弧形楼梯和三周半回廊，可供楼座观众前往；前厅大梁两端用油漆拉花，饰以富有民族色彩的梁饰。观众厅设座位1 641个（池座950个、楼座691个），厅内色彩淡雅清新，局部饰以花纹，

图3-2　70年代末的红星大剧院

来源：《百年常州》，南京大学出版社，2009年

天花板如发光的盘子，四周布以暗灯，错落有致。舞台口宽 15 米，高 7.65 米，可供戏剧演出及电影放映等多功能综合使用，后台还设有化妆间、更衣室、练功房等设施。整个剧院设计结构合理、布局得体，造型朴实、美观大方，曾被列为 20 世纪 70 年代江苏省 17 个优秀设计项目之一。

　　时隔 11 年，1988 年，剧院又进行了内部装饰和门面装饰，艺术大师刘海粟为剧院题名。1997 年实施内部功能调整、门厅加层及主立面装饰，对设施设备全面升级改造，红星由单一的影剧大厅变为有 4 个电影厅的多厅影院（图 3-3）。改造中对舞台灯光进行了全面更新，增设了电梯等配套设施，舞台吊杆由手动改为电动，还新建了升降乐池，改变了常州地区专业影剧院无升降乐池的历史。2000 年在第六届中国艺术节常州红星分会场场馆改造中，对舞台、观众座椅、音响等设施设备又进行了改造和提升。从 2009 年开始，为适应市场需求又利用有限空间逐步改造了 5 个电影小厅，整个红星的电影放映厅增加到了 9 个。

　　尽管剧院设备设施不断更新调整，但与城市的发展进步、市民百姓文化需求的

图 3-3　90 年代末的红星大剧院
来源：蒋钰祥摄

发展以及日益出新的影院新秀相比，总受制于原有的格局和结构，特别是难以根除的消防隐患构成安全威胁。令人唏嘘的是，1998 年 11 月 19 日，全国第七个消防宣传日，在红星举行的消防主题文艺汇演遭遇一场突如其来的火灾，幸好撤离及时未造成人员伤亡。直到 2018 年 4 月，受建筑结构混合陈旧、场地空间狭小等制约，难以按现行建筑规范对消防设施进行全面改造，由此无法取得消防合格验收和电影放映许可，红星无奈关门停业。

人命关天，安全重于泰山，"消防"成为红星无法逾越的屏障。近七十年来，红星虽历经数次更新改造，但与不同时期拆除已不复存在的老牌大光明、和平影院等相比，不论怎样，是迄今为止常州存续历史最长的综合性影剧院。

在前后近七十年的剧院演出中，不同年代主题内容形式也不尽相同。20 世纪五六十年代以锡剧《珍珠塔》、京剧《白蛇传》、越剧《梁山伯与祝英台》等传统戏剧为主，上了年纪的戏迷票友为名家名角的唱腔唱调陶醉痴迷、欲罢不能。出演锡剧《闹天宫》美猴王的崔龙海[1]至今还保留着一张红星 1957 年 7 月 18 日的《闹天宫》海报，在没有空调的三伏天此剧居然连续上演了一个月，甚至白天还加演。60 年代中后期到改革开放前主打"样板戏"，"八亿人民八个戏，电影只放样板戏"，《红灯记》《智取威虎山》《沙家浜》等 8 部[2]经过打磨雕琢的剧目，曾经是文化沙漠年代脍炙人口、朗朗上口的"流行曲"，不少人至今都还能字正腔圆"信口拈来"。这一时期的电影除了样板戏外，还有《地道战》《地雷战》《闪闪的红星》等宣传英雄人物的战争题材影片，一曲《红星照我去战斗》伴随一代人从少年迈向青年。70 年代初进口电影开始走上银幕，有朝鲜、越南、阿尔巴尼亚的，这些电影都有固定的模式，与烟火生活相去甚远，所以在百姓中流传这样的顺口溜："越南的飞机大炮，朝鲜的哭哭笑笑，阿尔巴尼亚莫名其妙。"

改革开放初期，早春二月春寒料峭，邓丽君的歌曲仍被视为靡靡之音。1979 年的电影《红楼梦》、1980 年的《庐山恋》，因为突破爱情题材禁锢而一票难求，许多人为此逃课旷工连看几遍。此后，日本的《追捕》《望乡》，南斯拉夫的《桥》《瓦尔特保卫萨拉热窝》等等，场场爆满、加演加场，这些电影就像打开的窗、推开的门，让人们看到了久违而又陌生的世界，犹如久旱遇见了甘霖。

但也正因为市民百姓与艺术世界久违，少有艺术熏陶，当真正的高雅艺术来到面前，显得手足无措甚至格格不入。1989 年春，常州籍指挥家陈燮阳率上海交响乐团来红星演出，开演后陆续还有人进场，其间有人嗑瓜子，伴有可乐罐启盖声，还有并不窃窃的私语。陈先生暂停演出，先代表常州老乡对全体乐队鞠躬致歉，然后对着观众简单介绍了参加音乐会的规矩和礼仪。直到进入 90 年代，百花齐放百家争鸣，红星才真正成为缤纷的舞台、百姓的乐园和艺术的天堂。

群星璀璨而非寥若晨星，京剧大师尚长荣、叶少兰、厉慧良，越剧皇后茅威涛，锡剧王子周东亮，沪剧非遗传人茅善玉，相声大师马季，以及影坛歌坛大咖大腕张艺谋、刘晓庆、周迅、毛阿敏等都曾在红星留下精彩和难忘的身影，为大剧院添彩；同样，具有历史和文化厚重感的大剧院也为他们增色。

2008 年，一个不寻常的年份，就在这年的秋天，两场重量级的演出引起了常州城不小的轰动。2008 年 11 月 9 日，"爱，让我们永远在一起"诗文音乐朗诵会在红星登场，乔榛、丁建华、奚美娟、濮存昕、许还山、薛飞、肖雄、凯丽等 14 位艺术家在交响乐的现场演奏下，为常州观众奉上了用爱荡涤心灵的经典篇章。而在此前的一个月，由台湾邓丽君文教基金会授权，号称"小邓丽君"的秋琳女士在红星举行"永远的怀念——邓丽君"演唱会，以"送给爸爸妈妈的礼物"为广告词的怀旧演唱会连演三场座无虚席，观众平均年龄超过半百，有端坐轮椅的耄耋老人、手持拐杖的银发伉俪、年逾花甲的夫妻老伴，一曲又一曲委婉抒情而又亲切熟悉的歌声，撩动了听众的心弦，引起了全场的共鸣，观众无不心潮起伏怦然心动，继而热泪盈眶泪洒衣襟，台上台下互动热烈高潮迭起，歌手加唱三次谢幕，观众都久久不愿离场。

在 2006 年行政中心北移以及常州大剧院落成前，红星除了电影放映和戏剧演出以外，几乎还承办了常州所有的大型活动，还是人代会、党代会的主会场，是常州政治、经济、文化活动的重要场所，有常州"人民大会堂"之称。每当挂着胸卡踩着红毯在军乐团伴奏下步入会场的代表出现在门口，成百上千欢迎的观众和围观群众投以掌声，市民百姓就知道这里又有大事要发生。

历经 70 年的红星，与这座城市一道迎日出送晚霞、同呼吸共荣辱，与市民百姓难舍难分。她的存在，驱赶了严冬的乏味和慵懒，安抚了酷暑的难耐和焦躁，满足了人们的精神需求，这是一种融入心、渗入血的情感，牵系着一代两代甚至三代人的情结。

在常州人的观念里，一生不去红星看部电影，或者看一两场歌舞音乐会，终究是个遗憾。过去亲朋好友说在工艺商店门口碰头，一时可能反应迟钝，直接说红星大剧院，就懂了，无需唠叨。遇到抢手热门的戏票影票，大门口手里捏着钱等"回票"的不在少数，当然"黄牛"倒票乘机加价最后也总会有人接受。

华灯初上，红星闪亮，耳鬓厮磨的情侣、穿戴华丽的姐妹、扶老携幼的主妇们款款而至，爆炸头、喇叭裤、蛤蟆镜五彩炫目姗姗来迟。不少人是往日的熟人，在此见面偶遇好不激动，嘘寒问暖热闹非凡，就像为即将拉开的大幕作铺垫。

曲终人散，余音袅袅。散场后的年轻一族时常还会以夜宵回味刚才的心动。不远处的甘棠桥[3]的牛肉锅贴和牛肉粉丝汤是不二选择，尤其是在寒冷的冬夜。更加兴奋的就是在这里时常能与演员照面，裹着军大衣脸上还残留着妆的男女演员和粉丝观众在这个小锅贴店吃着一样的夜宵，将剧院里的余韵拖到这里，大家好奇而又开心。

盛世今天，尽管常州有了新的标志性大剧院，还有许多风格迥异的影院作为商业综合体中的功能配套，点缀在城市的东南西北，选择性和多样性甚至已经远远超出人们的需求。与家庭影院看大片相比，在公共影院观影看戏，不仅是娱乐，更多的是享受其中的环境和氛围。但无论怎样，对老常州人来讲，红星时代带来的淳朴快乐和精神愉悦以及由此埋下的红星情结将伴随他们的一辈子，每个人都会有一段故事珍藏（图 3-4）。

欣喜的是，红星大剧院依旧在，人们对往日的念想还在。期待她凤凰涅槃，让我们再次亲近和走近她。

图 3-4　红星大剧院（摄于 2024 年）
来源：常州市城市建设档案馆

本章注解

1　崔龙海（1928—2022），常州人，国家一级演员，曾任金坛锡剧团团长，代表剧目：
　　猴戏《火焰山》《闹天宫》、小生戏《何文秀》、武生戏《十一郎》，有"锡
　　剧猴王"之称。

2　8部：指样板戏八部——京剧《智取威虎山》《红灯记》《沙家浜》《杜鹃山》
　　《海港》《奇袭白虎团》，芭蕾舞《红色娘子军》《白毛女》。

3　甘棠桥，在北大街与南大街交汇处，跨子城河，原名斜桥，南宋绍兴三年（1133）
　　兴建，道光年邑人捐款重修，1927年重建，是常州第一座钢筋混凝土桥梁。桥
　　名选为甘棠，以桥西有甘棠树，"民思其惠，怀与德"，有甘棠诗咏之，即命名。

工人文化宫

　　在常州，讲起文化宫，一般会有三个联想，第一会认为是个地名，第二会认为是一个广场般的公园，第三会认为是一幢宏伟的建筑。其实无论哪一种都不错，足以说明文化宫在人们心中的地位。

　　文化宫的全称叫常州市工人文化宫，位于延陵路与和平路交会处，城市的正中心，是常州现存的唯一的"苏式建筑"。

　　常州市工人文化宫的前身是常州市第一工人俱乐部，原址位于县直街老绿杨饭店旧房，1953 年 6 月 20 日建成开放。由于房屋破旧，场地狭小，1955 年迁入县学街文庙[1]继续开放，但总与时代不相适应。为体现工人阶级主人翁地位，扩大活动场地并改善活动条件，决定建设新的工人文化宫。

　　新建的工人文化宫位于文庙的南侧，当时紧邻的东南方向还有百年名校第一初级中学[2]。文化宫总投资 42 万元，1956 年 9 月 22 日开工，1957 年 4 月 30 日竣工，由上海同造明生欧式工程设计有限公司[3]设计，常州市建筑工程公司第二工区第四工段（今常州第二建筑工程公司）施工，原占地面积 2.3 万平方米，建筑面积 1.8 万平方米，主体建筑面积 6 000 平方米，广场、绿化用地面积 1.9 万平方米。

　　文化宫主体建筑为 3 层混合结构，平面呈"土"字形（"飞机形"），由门厅、剧场、展览长廊等组成。剧场采用 24 米跨钢式拱形屋架，为当时市区跨度最大的建筑，外立面由米色和红褐色相间，配以 4 落水红瓦大屋顶，是典型的苏式风格建筑（图 4-1）。1957 年"五一国际劳动节"对外开放，当天就有 6 万职工群众入宫活动。

1956 年，正是实施国民经济第一个五年计划期间，作为社会主义国家的中国，以学习借鉴世界上第一个社会主义国家苏联的模式为路径，建筑的风格也无一例外地打上浓重的苏式印记。受到斯大林时期"社会主义内容，民族形式"思潮的影响，中国建筑设计进入西方建筑形式和民族形式"大屋顶"融合发展阶段，体现以表现主义和装饰化为代表的两面性。北京展览馆、上海中苏友好大厦、哈尔滨工业大学等这些在中国北上广以及省会大城市，建于 20 世纪五六十年代的"苏式建筑"，很多已经成为国家、省、市级重点文物保护单位，是这一时期历史的见证，常州市工人文化宫就是其中鲜明的一例。

文化宫也是"舶来品"，带有苏联情结。俄国十月革命后，为了满足职工群众对文化生活和娱乐活动的需要，从城市到基层的厂矿兴建了许多文化宫、俱乐部，其他东欧社会主义国家也有类似的建筑。这些建筑中大的称为文化宫，小的称为文化馆，苏联人将此称为"红角"。新中国成立后，我国各大中城市由工会建立了工人文化宫或劳动人民文化宫，同时为增进民族文化交流，有的地方政府还兴建了民族文化宫。此外，大型工矿企业兴建的工人俱乐部，团组织建立的青年宫、少年宫都是属于文化宫范畴的文化娱乐场所。

庄重肃穆而又富丽堂皇的常州市工人文化宫是常州人的骄傲。建成之初，占地面积 2.3 万平方米的文化宫就是一个大公园。从朝南大门进入后，要沿大道走上 150 米，才能踏上文化宫大楼的台阶。两条大道中间设置了小花圃，大道两边设有小巧别致的园林，林荫小道旁还有石凳，可供游人小歇漫谈。走近主楼，沿着麻石台阶拾级而上，4 根水磨石圆形大柱气势宏大，双人合抱有余，上方的三组浮雕图案简洁生动，中间"工"字，体现这是工人之家。影剧院大厅方正、庄重，靠北有一座 3 米高的毛主席挥手立姿石膏塑像，背衬绛红色丝绒，上有陈毅元帅的题词"工人的学校和乐园"。二楼、三楼正中是回字形围栏，顶部有巨型豪华吊灯，二楼东西方向有宽敞长廊和众多房间。位于一楼的影剧场，满员时可容纳 1 200 人，设有

图 4-1　50 年代的工人文化宫

来源：《百年常州》，南京大学出版社，2009 年

舞台升降系统和演员化妆间，在相当长时期内是常州政治文化会议中心。所有这些在 50 年代无疑都是崭新、领先的，是常州城市地标。

在业余文化生活还十分贫乏单调的五六十年代，文化宫俨然就是工人的乐园，是所有工人们向往的文化活动中心，许多人在这里第一次看电影、第一次溜冰、第一次参加竞赛，还有人在这里第一次约会。

文化宫除了在剧场有不定期的文艺演出、电影外，在二、三楼东西向长廊还开设了乒乓球室、棋牌室、阅览室、台球室，室外还有溜冰场、篮球场，各种球赛和工农联欢活动也在周末或假日举行。在组织个性化活动的同时，文化宫还组织了各具特色的工人业余艺术团，有京剧队、锡剧队、合唱队、舞蹈队等，百花争艳生气勃勃。后来担任副市长的韩兆春，就曾为艺术团说过快板，他的夫人季来娣，为全国劳动模范，还是锡剧表演队的主角。1992 年常州工人管乐团应全国总工会的邀请参加在北京举行的"庆五一"大型文艺晚会，由央视直播，还受到时任全国总工会主席倪志福的接见。高手在民间，文化宫艺术团事业风生水起，不仅有拿得出手的节目，更有身怀绝技的"角儿"，声名鹊起继而被市文化部门相中，此基础上成立了常州市文工团，后改为常州市歌舞团。

文化宫室外还有溜冰场、篮球场，90 年代后又新增了网球场等，各种球赛和工农联欢活动也时常在室外举行。最"拉风"的要数溜冰场，就像今天的网红打卡地。六七十年代文化宫的溜冰场在常州是最大的，椭圆形的场地面积有 500 平方米左右。入夜时分这里灯火通明，用水磨石打磨而成的地面在灯光的照耀下溜光发亮。随着音乐响起，青年男女纷纷入场。在溜冰场的四周有一圈铁栏杆围着，不少人溜累了，就往铁栏杆上一靠，权作歇息；而更多的初学者，将栏杆当成了游泳时的救生圈，手抓得牢牢的，小心翼翼亦步亦趋慢慢移步。而场上最抢眼的要数技艺高超的溜冰高手，他们时而手舞足蹈摆着肢体像陀螺在原地旋转，时而如大鹏展翅在场上飞来舞去，身姿起伏变幻莫测，让人欣喜之余，羡慕不已，甚至成为场内场外崇拜的明星、暗恋的偶像。

文化宫还是职工技术操作比赛的大舞台，1965 年 7 月，这里曾举行过规模空前的技术操作表演赛，全常州 5 大系统 23 个单位 3 000 余名职工参加观摩和比赛。当时红旗招展，群情振奋，文化宫又一次成为欢乐欢腾的海洋。

悲催的是，1967 年 6 月起，受"文革"影响，文化宫被迫停止活动。从 1969 年到 1974 年，文化宫被改作工业展览馆，直到 1975 年初由市总工会收回，10 月局部开放，1979 年展览馆迁出，经整修后当年国庆才重新全面开放。

　　改革开放后，文化宫浴火重生，再现生机。1981 年 12 月 28 日，120 对男女青年在文化宫参加由市总工会、团市委、市妇联等联合举办的集体婚礼，这在常州历史上为首次，全城瞩目。文化宫与充满蓬勃朝气、靓丽光鲜的青年男女一样，被装扮得光彩夺目，它也再次进入人们的视野，预示着一个崭新年华的开始。

　　从 80 年代开始，文化宫又先后历经 5 次较大规模的改造和更新。

　　1983 年 6 月，大剧场危房进行了翻修，并将屋顶木结构改为钢梁结构。

　　1984 年，文化宫东北角新建了 4 362 平方米的科教大楼，有大小教室 18 个，其中有可容纳 1 200 人的阶梯教室 1 个。在科教兴国的热潮下，文化宫成立了职工业余科技学校，开设了与职工技术和能力素养提升相关的无线电、计算机、英语等课程。

　　1989 年，在对文化宫周边进行的城市改造中，原来朝南的文化宫大门向北内移，150 米的进门大道和两边绿化园林被拆除，其空间被纳入市政文化宫广场，文化宫面积缩小，占地面积由原来的 2.3 万平方米缩减为不足 1 万平方米。

　　2007 年对以影剧场为重点的文化宫主体建筑进行了较大规模的改造工程。50 年代建造时，正是国家资源极度匮乏时期，由于钢材、水泥紧张稀缺，混凝土浇筑时以毛竹条代替钢筋，时称竹筋，实在是无奈之举。在这一次的改造中，为确保建筑安全，影剧场原建筑全部拆除，在原地重新设计建设。工程从当年 6 月启动，历时一年竣工。改造提升后的大剧院，座位由 1 200 座调整为更宽敞舒适的 925 座，配有 16 米×14 米标准舞台和 50 平方米的升降乐池，配套了数字音响灯光系统和电脑选位系统，同时还增加了 2 个 110 座和 1 个 43 座的影视大片放映厅。改造后的文化宫影剧院兼具电影放映、大中型会议、文艺剧团演出等多项功能，室外还新增了网球场、停车场，以适应时代发展和进步的需要。

　　2014 年起常州地铁开建，作为一、二号线十字交叉点的文化宫站，成为市民关注的热点。根据地铁建设需要，文化宫地下广场随之重建。2019 年 9 月 21 日和 2021 年 6 月 28 日，地铁一、二号线先后开通，重建后的文化宫广场空间为地下三层结构，不仅是换乘枢纽，还有效连接周边商业设施，为市民享受文化宫等公共资源服务提供了更便捷的交通条件。

在二号线开通的前夕，对文化宫及周边环境面貌进行了综合改善提升。文化宫本体建筑拆除了一批杂乱无序的广告牌，关闭和移走了一批商店，突出了文化宫作为"工人的学校和乐园"的主体功能，恢复后的各类演出、培训以及职工夜校受到市民欢迎。按照原有米红立面和建筑肌理对本体建筑进行了修缮和出新，去伪存真，正本清源，恢复了文化宫作为"苏式建筑"应有的尊荣和庄重（图4-2）。

如今，入夜后的文化宫在灯光的映衬下与周边林立的高楼大厦浑然一体，在车水马龙的繁华中尽显城市客厅的魅力。

在建成近70年后的今天，文化宫内各类文化娱乐活动精彩纷呈，文化需求的多样性和多元化成为新时代的潮流。但一个时代的记忆和标志将给后人以启示，文化是社会进步和文明的奠基石，人类对精神文化的追求永无止境。

图4-2 工人文化宫（摄于2024年）
来源：常州市城市建设档案馆

本章注解

1　文庙，原为南宋时移建于此的法济寺。后因武进、晋陵两县分置，尚无学署，常州太守家铉翁将法济寺改为武进、晋陵县学。明洪武元年（1368）晋陵并入武进，这里改为武进县学。清雍正四年（1726）武进县分置阳湖县，又改为武进、阳湖县学。清咸丰十年（1860），县学毁于太平天国兵燹，清同治六年（1867）复建大成殿等。1937年11月，又遭日寇兵火，破坏严重。原大成门正前有泮池、石桥遗迹，2002年和2021年两度对大成殿进行修缮，曾作为职工戏曲会馆和道德讲堂馆址。院内有谢稚柳先生题书"县学遗址"，2011年被列为第7批省级文物保护单位。

2　第一初级中学，1926年建校，原名武进县立初级中学，地址在东门外东岳庙，1929年迁址常州府衙（今老体育场），1937年11月日军占领常州，校舍被焚。1946年6月复校，迁址和平路，与省立常州中学隔街相望，1951年易名为常州初级中学，1970年改名为常州第21中学。

3　上海同造明生欧式工程设计有限公司，其创建人传承祖先凌仁华1879年在上海创建的仁华营造厂，一直从事欧式和中式建筑设计，参与设计和施工上海外滩众多百年建筑工程项目。改革开放以来一直从事建筑设计，在建筑界享有盛誉。

副食品大楼

　　20 世纪 80 年代中期，在东西大街（今延陵西路）更新改造前，位于甘棠桥东南侧的老副食品大楼与南大街口的百货大楼、西大街口的邮电大楼三足鼎立，是那个年代市中心的标志性建筑。

　　新副食品大楼的建设与东西大街的改扩建有关。1987 年 2 月，市计划委员会在给代建单位市房屋建设开发公司的批复中，同意"按规划复建副食品和时装大楼[1]商品房"。大楼于 1987 年 6 月开工，1988 年 9 月竣工，由长春市建筑设计院设计、江阴第二建筑公司施工，其中副食品大楼总投资 1 300 万元，建筑总面积 9 600 平方米，总高 7 层 24.6 米，其中一、二层面积分别为 970 平方米，地下一层 1 360 平方米，为副食品大楼营业场所（图 5-1）。

　　回眸副食品大楼的前世今生，又不得不从常州百年老店"中华老字号"瑞和泰说起。

　　清光绪年间，在常州府城郊有一位叫李泰的货郎，终日肩挑货担沿街巷叫卖，由于货真价实，为人勤奋，生意日渐红火。后来李泰遇到了家境窘迫的王瑞，邀请他一起走街串巷叫卖，他们抱团取暖走南闯北，精打细算诚实经营，几番寒暑，有了一些积蓄和客户积累。

图 5-1　副食品大楼（摄于 2024 年）
来源：常州市城市建设档案馆

　　转眼到了清光绪二十七年（1901），常州街市日渐热闹，他们决计变行商为坐商，于是在西瀛里和青果巷交界路口，租借两开间旧屋开办了一家前店后作坊的茶食店，经营糖果糕点兼营南北土特产，店名取王瑞和李泰的名，称为"瑞和泰"。

　　1938 年，商人蔡凤翔、恽菊初等又合伙将南大街口的"瑞和泰"盘下，更名为"瑞和糖栈"，1940 年蔡凤翔和恽菊初等集资在甘棠桥和东大街（原千秋坊）交会处租地建造楼房 4 开间，开设瑞和糖栈北号，而南大街的瑞和糖栈称为南号。1947 年因合伙股东变动而行改组，南号改为瑞和泰记糖栈，北号则改为瑞和协记糖栈。

　　新中国成立初期，瑞和泰记糖栈改名为瑞和泰南货门市部，此后又先后经历了 1956 年公私合营时期的瑞和泰茶食糖果商店、"文革"时期的红卫副食品商店，直到 1978 年后改称瑞和泰副食品商店（场）。

　　而瑞和协记糖栈，也在经历了公私合营后于 1964 年更名为甘棠桥副食品商店。为扩大经营面积，在原来 4 开间的基础上，又在原地拆迁了部分民宅，扩建成三层大楼，成为全市副食品种类最全、品种最多、面积最大的副食品商店，1969 年又改为常州副食品大楼，成为常州人耳熟能详的商店，伴随百姓走过了半个多世纪（图 5-2）。而留在老常州人记忆深处的这座大楼是亲切和温暖的，同时又是苦涩的，当然更多的是关于改革开放前物质短缺时代的场景。

　　物资短缺时代最具代表的莫过于票证券。在物资匮乏的年代，为了保障所有城乡居民吃穿等生活必需品，国家实行了商品的计划供应，由此应运而生了长达 30 余年甚至 40 年的票证时代。

　　粮票、油票、布票……粮票又分全国通用的、全省通用的、地方使用的，有序号的、分颜色的等等，名目繁多不一而足。除了关乎国计民生的"粮油布"三大必需品从 1955 年开始凭票定量供应外，涉及副食品的肉蛋禽、糖烟酒、豆制品等都实行按计划凭票定量供应。猪肉从 1958 年开始，市区居民每人每月限量供应 100 克，元旦春节国庆三大节日视货源适当增加；鸡蛋从 1960 年开始凭票计划供应；食糖于 1958 年被列为国家二类商品并开始凭票定量供应，城市居民每人每季供应 300 克，郊区农民 200 克；香烟作为国家二类商品也按照甲乙丙丁四级，从 1960 年起凭票供应，每人每月 1—3 包；即使是豆制品，也从 1958 年开始凭卡不定点供应，1963 年改为凭票供应。票除了分日常和节日两类外，又有月旬票、通用票之分。资料显示，1958 年 1 人户每次供应老豆腐 250 克，三年困难时期原料紧缺，以豆饼为原料制成的豆制品每人每月维持在 0.16 元左右，干粉丝、黄豆芽、油生腐等都凭票定量供应，直到 80 年代初期才陆续取消限制，放开经营。

　　票证时代，副食品大楼自然就成为定点供应单位，而且是居民百姓购买生活用品的首选之地，除了因为是国营老店外，还因为这里的货品相对丰富且物美价廉。

　　最让人惊喜的是，这里还有极少量免"票"但抢手的商品供应，因为猪肉凭票供应的量实在少得可怜，人们普遍肚子里缺油水，所以免"票"的咸猪头成为最佳替代品。副食品大楼的咸猪头 8 元一只，个大且干净，猪耳朵、猪舌头、猪鼻子等"猪八戒"一样不少，足够当家人在猪头肉上大展厨艺，满足一家人在艰苦年代的味蕾。经历了这个时代的人，如今有时还会买点经"改良"后的猪头肉

图 5-2　60 年代的副食品商店
来源：《记忆龙城——百年常州旧影集》，中共党史出版社，2009 年

来解馋，与其说是当下一种菜肴的复古时髦，不如说是那个年代的油香味已经深深地浸淫在他们的心里。

　　最让人烦恼的是，即使有票有时也不一定能买到东西，像新鲜猪肉、鸡蛋等这些必需品，来货数量有限，供需矛盾突出，时常会出现排了几小时的长队却空手而归的情况。所以当时有一句"排队等开门"，说的就是要起得早去排队。如为买到年货，冒着冬日清晨里刺骨的寒风，身着厚厚的棉衣裤，早早排队的人群，里外三圈黑压一片。排队的人群中还有部分是小孩，因为他们放假了，大人们会差遣他们承担家务。小孩脑子更灵活，为了排的更前能买到东西，他们除了插队、邻居同学联手挤位，甚至还拿个破篮、石头作为排队占位的"替身神器"，以此证明先来后到，但有的人不买账，为此还常常引起争吵和骚动。尽管过程费时费力，但东西买到后的满足感和周围顾客的羡慕眼光，令人回味和难忘，这与今天在琳琅满目应有尽有充满温情的商场超市购物，何止是天壤之别！

　　当然，票证和苦涩不是副食品大楼的全部。"常州形势好不好，只要看看甘棠桥，甘棠桥，样样东西买得到"，而这里的甘棠桥特指副食品大楼，在六七十年代还不富裕的条件下，也正因为副食品大楼有品种齐全的常州土特产、一应俱全的南北土特产，集副食品之大成，商品之多之全之优，没有任何一家可比，这里俨然成为人们购物的天堂。逢年过节烟酒茶点，婚丧嫁娶喜糖喜蛋，端午的咸蛋皮蛋，中秋的月饼芋头，小朋友们喜爱的动物饼干，家庭主妇青睐的干果调味，当家男人眼馋的海产烧腊，林林总总目不暇接。这些充满着诱惑和温情的商品，刺激和唤醒着人们迟钝的嗅觉和味觉，总是让人们大饱眼福流连忘返。

平日大楼里人头攒动，节假日更是人山人海。虽然当时许多人囊中羞涩，购买力十分有限，但看一看逛一逛凑凑热闹也是一种内心的满足和心理的慰藉。每年中秋佳节前夕，周边十里八乡的百姓喜欢到这里来购买月饼，不仅有五仁的、百果的、豆沙的，还有高档次火腿馅的，品种多味道正。有的老汉是挑着箩筐来的，因为交通不便，上一次城不容易，所以他是村里左邻右舍的"团购"代表。营业员用油纸将月饼每 5 个一卷、10 个一扎并贴上品种标记，有的还附上印有副食品大楼字样的红纸，即使三四个营业员一起张罗帮忙，装满 2 个箩筐也起码得花 1—2 个小时。购买的人只有一位，但看热闹说八卦、品头论足的，里外三层摩肩接踵倒也其乐融融。

寸金糖、浇切片和铳管糖是本地土特产的"三件套"，探亲访友的必备礼品，尤其是那些在常州工作生活的游子，曾经把这"三件套"作为返乡回家送给父母亲友最有面子的礼物。而对于作为传统时令商品的火腿，地处江南的百姓有着特殊的情愫。一只只油光发亮透着浓浓咸香的"赤膊"火腿被高悬在柜台的上方，即曾经和油盐酱醋咸菜酱菜同在一层的咸腊区。过去的火腿有"南腿""北腿""云腿"之分[2]。"英雄不问出处"，火腿不问产地，当年最受顾客欢迎的是副食品大楼卖的开片火腿，因为整只火腿要十几元钱，相当于当时工人半个多月的工资，而愿意将火腿斩开来卖的店家不多，所以顾客在副食品大楼花上一二元钱就能买到开片的火腿，真是一件乐事，其满足感绝不亚于今天年轻人排队买到一杯喜茶的喜悦。夏日里，火腿笃冬瓜，从清汤炖到浓汤，喷香透鲜，香飘邻里，是那个年代特有的美味佳肴。

直到改革开放后，副食品大楼一改过去灰头土脸只是满足刚需的窘境，从此五彩缤纷鲜亮夺目而与时代同华丽。随着市民百姓购买力的提高，这里的商品来源更丰富，种类更齐全，档次更多元，除本地名优土特产外，设有南北货、糖烟酒、滋补品等 20 个专柜、30 个大类、2 000 余个品种。尽管如此，掌门人没有骄傲自大，仍然坚持"三员把三关"³，坚持以质量取信于民，良好的口碑使这里已不仅仅是购物场所，还是市民百姓休闲享受的向往之地。特别是在超市购物、商业综合体还没有进入市民百姓的生活视线之前。1993 年副食品大楼还荣获"中华老字号"称号。

变化往往也在不经意中。90 年代中后期超市形态开始出现，成为购物方式嬗变的分水岭。超市一改过往人货分离、购物被动的情况变得人货相融、轻松自主，也正因为超市购物的自由度，带来了更多的关联消费、连锁消费，同样面积的营业场所的销售额可能是传统商店的几倍或更多，而使用的劳动力却大大减少，工资成本的减少还带来了商品的价格优势，对传统购物营销方式的冲击不言而喻。加上国有企业原有弊端，副食品大楼"船大难掉头"，在原有体制和模式下生意开始走下坡路，营业额连年下降，经营年年亏损，在超市卖场咄咄逼人强势竞争面前回天乏术。

90 年代末期，副食品大楼经营难以为继，不得不寻求突围之路。2001 年经历了整体改制，幸好地处繁华闹市，仰仗地段资源将店堂分割出租以求生存，老字号副食品大楼黯然退场，逐渐淡出人们的视线，那些曾经的老顾客每每经过这里无不心痛伤感扼腕叹息。

时光又轮转了十个年头，2011 年，超市、大卖场以及便利店、连锁店四处开花遍及城乡，满目皆是触手可及。正当市民百姓几乎忘记副食品大楼招牌的时候，福建企业阿旺桂圆整体收购了副食品大楼的股权，"休眠"了十年的"中华老字号"牌匾重回店堂中央，副食品大楼在万众瞩目下以崭新的面貌又开张迎客。

2014 年，"新怡华"超市曾经整体租赁进入，但仅仅维持了一年。也许是缘分，2015 年，也就是在瑞和糖栈北号的发祥地，时隔 75 年后"瑞和泰"老字号回到了她的"血地"，以租户的身份整体进入副食品大楼（图 5-3）。"瑞和泰"精品店的加盟被看作"强强联合"，期待给低迷的老字号大楼带来新的生机和希望，为曾经的老顾客留住往日的温馨和情怀。

图 5-3 瑞和泰进入副食品大楼（摄于 2024 年）
来源：常州市城市建设档案馆

本章注解

1 时装大楼，即百货公司大楼，今新世纪商城。

2 "南腿"是指浙江金华火腿；"北腿"是指江苏如皋火腿；"云腿"是指云南
   宣威火腿。

3 "三员把三关"，采购员把好进货关，保管员把好入库关，营业员把好出货关。

电信大楼

　　在邮电路的南端、延陵西路的北侧、觅渡桥小学的西侧，现有一幢 5 层的电信大楼。大楼建成时邮政和电信还合署办公，当时的大楼命名为"常州邮电局"，邮政、电信分家后大楼归属电信。

　　这幢貌不惊人的邮电办公营业楼，建造分了两次。

　　最早建的是大楼的东侧部分，建于 20 世纪 70 年代初，4 层，楼形呈扁长型，楼内房间南北对称，门窗狭长，走廊为拱形半圆顶，有苏式建筑的风格。1978 年，又在西侧建造了比东侧略长但风格一样的 4 层楼，并在中间新建了 5 层的塔楼，还在东南西侧新建了围墙 60 米。1988 年，又在东西两侧加盖了一层，计 771 平方米，形成了一体两翼、东西不完全对称的格局（图 6-1）。2021 年在对地铁 2 号线延陵西路沿线楼宇提升改造中，对电信大楼主立面进行了出新亮化，并融入了中式风格元素，使这幢超过半个世纪的大楼熠熠生辉（图 6-2）。

　　一百多年来，邮政和电信[1]，因为不同的属性有分有合，分分合合，但至少在 20 世纪，百姓对以绿色[2]为符号的"邮电局"的认识是固化的，对"邮电局"的称谓耳熟能详，而且长期停留在信函、电报和电话这三件事上。

　　中国邮政业历史悠久，周朝就有"官邮"之设，汉朝时改邮为驿，明清两代名

图 6-1 80 年代的邮电办公大楼
来源：江苏电信常州分公司

图 6-2 电信大楼（摄于 2024 年）
来源：常州市城市建设档案馆

称有变，设有"水马驿""驿递"，尽管为官府服务，仍为百姓所熟知。常州驿站在天禧桥（弋桥）东，明正德十四年（1519）迁址篦箕巷，时称毗陵驿[3]。清光绪六年（1880）李鸿章在天津设津沪电报总局，委派常州人盛宣怀[4]为总办，次年正式命名为中国电报总局。清光绪二十七年（1901），常州（武进）设立大清邮政官局[5]。大清邮政起初在西瀛里大水关附近，后又先后迁址大庙弄、局前街、邮电路南端等地，民国时期沿用此邮政设置。此外，还有为百姓通信传递服务的民信局，直到 1934 年底，民信局裁撤，全国邮政统一。

大清邮政诞生时（1896），中国有了第一套邮票——大龙邮票。1918 年常州集邮爱好者魏柏熙、左起善在市人民公园举办邮票展览[6]，开创中国邮票展览的先河。

清光绪八年（1882）常州开启了官督商办的电报通信业务，以后又被划定为"子店"等级[7]。发报房（电报局）先后在北门外斗巷、东横街、局前街、大园地、邮电路庄家场等地营业，1969 年地处西大街商业中心的邮电营业大楼（以下简称营业大楼）[8]落成后，电报业务迁到大楼三楼营业（图6-3）。

1911 年，武进公署有了 5 部电话，分别设在公署本部，南、北警区，市公所及商会。次年，绅士庄仲希等 10 人集资，在城中三元庵，设 50 门磁石式交换机一席，创办了武进电话局。两年后的 1914 年，武进电话局改组为武进电话股份有限公司[9]。1922 年，武进电话公司以"上辅行政，下助经商"为由上报江苏督军请求与外埠无锡连线，即开通了首条长途电话。抗战前，国民政府兴办长途电话，设立了沪宁长途电话常州分局，并与武进电话公司签订合同，扩大了装机容量。日伪期间，华中电气通信股份有限公司"收卖"武进电话公司，将电报、长话和市话合并为常州电报电话局。抗战胜利后，国民政府接收了电报电话局并更名为武进电信局。新中国建立后，武进电信局改称常州电信局。

邮局开设之初，常州仅有"信差"两人从事投递工作。即便 20 世纪二三十年代，业务也稀少，由投递人员分三班身带邮票，手中摇铃，每日沿街循乡步行收交信件，逢晚班提"灯笼"送信，直到 40 年代，才有零星自行车作为交通工具。1950 年全国实行邮资统一、币制改革，从 1955 年 3 月 1 日起，平信改为人民币 8 分，这是百姓生活和记忆深处一个长久的符号，尽管还有挂号、航空、加快之分，但平信是百姓的首选。有不少人在邮局柜台前购买了邮票和信封，坐在斜面的桌子前仔细写上收寄人信息后，用邮局提供的糨糊封好信封贴上邮票，投入邮筒的最后环节往往还会让同行的小孩完成。每当夕阳落山前，一抹邮电绿与驮着邮袋的自行车走街串巷，与街坊邻居熟悉地招呼着，熟练地将信件、汇兑、报刊以及包裹的收取凭证准确无误地送到收件人手中。今非昔比，如今网购快递已成常态，但上门服务似乎又

图 6-3　60 年代的邮电大楼
来源：《百年常州》，
南京大学出版社，2009 年

回归了邮递的本质和初心。

　　在电话尚未普及的年代，电报曾经是百姓和单位应急的通信联络方式，也正因为它有超越信函"速达"的特点，又需要设备和人工的加持服务，所以贵甚至"奢侈"是它的代名词。据记载，1955 年时的电报价格，省内每字 0.09 元、省外每字 0.135 元，每份电报以 5 字起算，以后虽有调整，但仍是"高消费"，百姓不到万不得已、非十万火急是不会触碰昂贵的电报电文的。加急电报，邮局还会由摩托车特急送达用户，只是每每听到收取加急电报的叫喝声，收件人心里七上八下，孰喜孰忧、是喜是祸，只有眼见为实，石头才落地。80 年代改革开放后，开办了用户电报业务[10]，1985 年 12 月又开始了传真业务，图文并茂即时传输，逐渐取代电报电文，为机关企事业单位尤其是外贸外资企业所欢迎和钟爱。

　　从反映清末民初的电影中可以看到，当时百姓以为接电话会"触电"，可见当时电话神秘而又稀罕。1922 年常州与无锡长途电话开通之初，规定通话 5 分钟为一次，每次收费小洋 2 角，加急按 3 倍收费。新中国成立后到改革开放前，电话普及率仍处于低位，大一点的工厂单位往往都有总机，在没有程控交换机前，内部分机联系要通过接线员接驳。而百姓家中遇有急事、走亲访友、恋人约会，要么居委会大妈喊话，要么巷头弄堂杂货店老板接转，那些温馨的场景留在影像里，更留在许多人难忘的记忆中。

1979 年常州才开通与首都北京的长途直拨电话，1983 年电话号码由 4 位升 5 位，即使是在 1985 年末，电话普及率也仅为每百人 3.3 部，且绝大多数只有市话功能，全常州市具有长途直拨功能的电话仅有 122 个。打长途电话要跑到营业大楼申请登记排队等候，有的偏远地区要跨几个话务局接转，加上技术和设备有限，时有串音杂音，所以接听的无一不是张大嗓门，当年营业大楼里七八个电话亭一字排开，但仍供不应求。看着亭子间里打电话的人手舞足蹈声嘶力竭滔滔不绝，在边上候场排队的既急切又无奈，凄楚但又饱含温情。

1991 年和 1994 年，常州电话号码由 5 位升 6 位、6 位升 7 位 [11]，装机容量实现了跨越，但电话进入普通家庭还是在 90 年代中后期，因为当时 3 000 元"初装费" [12] 对普通家庭来说是"大件"开支，是加装电话的"拦路虎"，直到 2001 年 7 月 1 日全国统一取消。

当普通百姓还在为"初装费"困扰的时候，改革开放一部分先富起来的人率先享受科技革命和通信技术进步的红利。1989 年，常州推出了寻呼机 [13] 通信业务，即俗称的 BP 机，邮电局 126 台首发，此后，又先后有党政台、广电台等 20 余家寻呼台营业。最早的寻呼机是数字机，除了收到回电号码之外，还能接收到数字信息，如"200"表示有事速归，"300"表示深表谢意等等，但必须对照密码本才能知道意思，用户使用的便利性不够。1990 年中文信息显示的 BP 机问世 [14]，信息传输向前跨越了一大步，各寻呼台还相机开通了留言、天气预报、短新闻等增值业务，大大提高了 BP 机用户的体验感，一时 BP 机风靡大江南北，既是宠儿也是身份的象征。

BP 机存在前后不过 20 年光景，但留给这个时代的印记是难以磨灭的。当年别在腰间的新潮，独特的滴滴声响，收到兴许是订单、或许是祝福、也许是约会的那份浓浓的期待、特殊的兴奋，留给了BP机时代，也成为那代人深深的怀念。

科技毫不留情地重塑世界，压死BP机的最后一根稻草，是不断降价的数字手机和日益亲民的话费。也仅仅是BP机问世常州后不到4年的1992年12月29日，常州开启了移动通信时代。当天，第一个手机即"大哥大"号码901000产生，以7万元人民币被武进的一位老板拍走，但其爽约，号码未被真正启用。

"大哥大"有"三个离谱"。价格高得离谱，除了选号费贵，机子加上初装费超过2万甚至更多；重得离谱，2—3斤重还不包括加厚电池；大得离谱，用专门的包兜着，天线还露在包外面。当年拎着"大哥大"的专属包出现在街头巷尾的"土豪"，一如80年代手提四喇叭收录机游街炫耀的青年，但含金量却不可同日而语，他们既是中国移动通信起步时的尝鲜者，也是普通百姓羡慕的对象。1997年随着摩托罗拉、诺基亚、NEC等手机的出现，"大哥大"逐渐被市场淘汰。

以后随着2G、3G、4G直到5G的应用，以及取消漫游费、单向收费、提速减费等的演变推进，又随着智能手机软件的开发利用，手机功能远远超出了通话、聊天、购物、学习、娱乐、视频、支付等等，人工智能、大数据、物联网、移动互联网的发展让一切成为可能，手机从昔日的"奢侈品"变成了今日的"快消品"、百姓生活的必需品。"楼上楼下、电灯电话"的期盼已成过往，"千里眼、顺风耳"就在我们每一个人的身边。

1998年10月，邮政和电信再次分家。

常州邮政和电信的"总部"，分别腾挪到了南大街的邮政大楼和文化宫的电信大楼，腾笼换鸟，凤凰涅槃，邮政和电信面临各自的机遇和挑战，也走向了更广阔的舞台。

2008年，邮政有了自己的邮政储蓄银行和邮政速递物流公司(EMS)，实行邮政、银行、速递三大板块分属经营，充分利用既往邮政网点多、触角深的资源优势，深耕农村电商和农村金融，邮电绿又一次遍及城市乡村。

电信抗住了1999年与中国移动分营的困境，2008年又一次博得移动互联网的发展机遇。进入5G时代，电信移动互联网深度介入城市管理、公共安全、智能工厂等多个领域，挤入全国电信SBU[15]前20强。

位于延陵西路的电信大楼，是半个多世纪以来常州邮政电信发展的见证者。

如今，电信大楼经过出新更显典雅庄重，与繁华的商业街区相映生辉。尽管今天的电信大楼已为百年名校觅渡桥小学使用，但百年邮电的光荣与梦想终将延续。

本章注解

1　新中国成立前夕，邮政和电信分属不同体系独立运行。1951 年 7 月，按照邮电部"邮电合一"顶层设计，常州邮政、电信两局合并为常州邮电局。1969 年，邮、电分设，邮政归属交通局领导，电信归属人武部领导。1973 年邮、电再度合并为邮电局。1998 年 10 月，邮、电再次分家，邮政和电信分别归属中国邮政集团和中国电信集团。

2　1949 年，第一次全国邮政会议，确定采用绿色作为中国邮政的专用颜色。从邮电职工的工作服到交通工具，从门外的信筒到室内的柜台等等，都是绿色。世界上其他国家也有自己邮车的专用颜色，如美国是灰色的，英国邮车是红色的。

3　毗陵驿，《武进阳湖合志》载，清道光二十二年（1842）时，有驿马 46 匹，马夫 29 名，船 15 只，水夫 123 人。清康熙、乾隆南巡江南均由毗陵驿入城，再至叙舟亭。

4　盛宣怀（1844—1916），字杏荪，常州人。清末官员，秀才出身，官办商人、买办，洋务派代表人物，著名的政治家、企业家和慈善家，被誉为"中国实业之父""中国商父""中国高等教育之父"。盛宣怀创造了 11 项"中国第一"：第一个民用股份企业——轮船招商局；第一个电报局——中国电报总局；第一个内河小火轮公司；第一家银行——中国通商银行；第一条铁路干线——京汉铁路；第一个钢铁联合企业——汉冶萍公司；第一所高等师范学堂——南洋大学（今交通大学）；第一个勘矿公司；第一座公共图书馆；第一所近代大学——北洋大学堂（今天津大学）；第一个中国红十字会。

5　大清邮政官局，清光绪二十二年（1896）成立，中国近代邮政由此诞生，标志着中国开始与世界各国邮政平等交往，当时以英国邮政章程为蓝本制订了开办章程。

6   1918年5月10日，在当时的武进商会图书馆即今天的人民公园内，组织举办中国集邮史上首次集邮展览——世界邮票展览会，这次集邮展览会被集邮界公认为中国现代竞赛性集邮展览会的创世和雏形，现人民公园内有遗址纪念碑。另，1920年，在南河沿开设的万国古邮所，是常州最早的集邮场所，同时在甘棠桥的宏济药房、县直街的武进书馆也有邮票出售，供集邮者选购。1978年后恢复集邮业务，1983年常州有了专门的邮票公司，同年还成立了集邮协会。

7   清光绪三十年（1904），常州电报局被划为"子店"，当时电报局等级区分为分局、子局、子店、报店四等。

8   西大街邮电大楼，1969年10月1日落成，三层，1280平方米，在西大街和北大的转角处，与东边的副食品大楼、南边的百货大楼隔街相望，该大楼1988年拆除。

9   早期为武进电话局，随着用户增多，原有的资金不能应付业务发展的需要，为筹集资本，武进电话局改组为股份制的武进电话公司，实行自主经营，地址在庄家场，今邮电路南口。

10 用户电报，发报用户利用装设在本单位的专用电报终端设备，通过邮电局的用户电报交换机和电路与本地或外地的装有电报终端设备的用户直接通信的一种电报业务。1983年10月，常州农业机械进出口公司为第一家开通用户电报电路业务的单位。

11 常州电话号码由5位升6位、6位升7位，分别是1991年1月20日、1994年8月28日。2007年8月18日，由7位升8位。

12 初装费，为弥补国家电信建设资金的不足，国家从1980年下半年起开始收取市话初装费，作为电信建设专用资金。增收市话初装费政策对通信的发展起到至关重要作用，三分之一的电话建设资金来源于初装费，初装费成为支撑中国通信网持续高速发展的一个重要资金来源。

13 寻呼机，美国摩托罗拉公司于1959年推出了全球第一台寻呼机，1984年上海无线电管理处开通了中国第一家商用无线寻呼台。

14 1990年，浪潮与摩托罗拉联合研制并推出了第一台支持中文信息显示的BP机，北京时称"汉显"。

15 SBU，中国电信行业战略业务单元。

兰陵大厦

常州较早的旅馆叫沙荣记客栈，清道光八年（1828）开张。

至 1918 年，常州的旅馆业初具规模，有各类旅馆客栈 47 家。民国时期，旅馆业竞争兼并激烈，新中国成立前夕尚有 79 家，主要分布在新丰街、椿庭桥、局前街、县直街一带，除了这一带人口稠密外，还因为这里离火车站、长途汽车站不远，交通来往方便。

民国时期，常州旅馆分大中小三种类型。大型的称旅社，大多合股经营，设有经理、协理、襄理，高档客房配有红木家具，旅社内还设有舞厅、餐厅、浴室等。中型的称为旅馆，一般为几人合资经营，老板参与日常管理，员工人数不多，设施普通。小型的是夫妻店，称客栈，一般无员工，设施简陋，除床帐外加桌子和椅子。但旅馆不论大中小，房间床位大都为单铺，很少通铺，服务也比较周到，旅客进店，"三水到房"[1]，还为旅客代购物品、代办事务、代洗代缝衣服等。

新中国成立初期，随着社会形态和社会风气的转变，旅馆业出现过剩现象。五六十年代受到"左"倾思想的干扰，旅馆传统服务特色和服务项目几乎消失，小客房改成大通铺，单人铺改成双人铺，旅馆服务行业起起伏伏，寡淡无味。

随着形势的发展，旅客的流量逐渐超过了旅馆的容量，为解决住宿难的问题，旅馆采取"三室""一堂"[2] 临时加铺，满足旅客住宿需求。每逢冬季，饮食服务公司还号召部分浴室澡堂开设过夜床铺，动员街道民办旅馆恢复营业等为客人提供住宿，还在惠民、康乐等 4 家旅馆设立旅客服务站，调剂各旅馆余缺，最大限度解决旅客住宿难的问题。

1966 年，地处文化宫闹市区的综合性服务大楼国营常州饭店开业（今购物中心），其附设的旅馆部稍有规模，床位在 100 张以上。1971 年，位于东大街的东方红旅馆开业（今延陵西路万博时尚广场），设床位 500 张。这些旅馆中双人间已是高档房，不少是 4 人间或十几个人在一起的大通铺，陈设简陋，更谈不上有单独的卫生间，仅使旅客落脚有住的地方。

1979 年 4 月 23 日，兰陵大厦竣工开业。兰陵大厦建造前，由当时的饮食服务公司（以下简称饮服公司）管理的甲乙丙三类旅馆仅 15 家[3]，建造兰陵大厦最迫切的动因是缓解住宿难的供求矛盾，特别是应对日益增长的大型会议的接待需求。

兰陵大厦以及后来正式定名的兰陵饭店，店名招牌取自鲁迅的手迹。由饮服公司投资 100 万元建造，常州建筑设计室设计，常州建筑公司三工区施工建造。大厦朝南主楼高 7 层、地下 1 层，东西两翼各有 4 层的裙楼，背靠大运河，建筑面积 1.9 万平方米，占地面积 5 277 平方米。楼前有广场及花园，一楼设有商场和旅行社营业处，2 楼到 7 楼有大小客房 200 间，床位 1 000 余张，洗染间、照相室、餐厅、浴室、理发室、会议室齐全，房间配有电话，厨房炉灶全部煤气化，餐厅可供 500 人同时就餐，这是当年常州南大门唯一也是规模体量最大的综合性商业大楼（图 7-1）。

大厦规划建设之初的 1977 年，改革开放尚未启幕，兰陵片区空旷稀疏。依着大厦朝南的武宜路（今兰陵北路）是通往武进湖塘的最重要的干道，出了兰陵几乎就是出了城，坐北朝南的大厦俨然就是屹立的南城门。地处要道、来往方便，空间足够、容量超大，又能体现城市形象，这些都是选址兰陵建楼的直接原因。

建成开业后的兰陵饭店，不仅是当时的地标建筑，还着实火了一把。因为客房数量多，吸纳能力强，所以不少全国会议、行业会议、订货会议会首选兰陵，全国钢材、煤炭、糖烟酒订货会，轻纺产品展销会，包括当年常州作为工业明星城市，兄弟城市来常交流学习，大多下榻住宿兰陵。因为不少百姓有猎奇赏新、一睹芳采的心理，所以短期出差、探亲访友的旅客蜂拥而至。因为新旅店配套齐全、光鲜体面，因此政府接待办和主管的商业局要控制一块客房资源，以备不时之需，所以开业后的兰陵饭店，时常彩旗招展，会议条幅从楼顶垂直悬挂至门前。操着南北口音的各地客人，心怀梦想、面带喜悦、川流不息，兰陵饭店一时成为城市商业副中心，带动了周边街市的兴起。

因为客房紧俏，入住率时常达 100%，有的住店客人晚餐后夜车离开，房间又随即被再"卖"一次，客房资源被用到了极致。当年的消费能力也十分有限，即使是新旅馆，仍然按照高中低档次设置客房，以满足不同旅客的住宿需求，一般住宿3—5 元 / 位，10 元以上的就是高档房了，部分房间还是铁架的上下铺，目的是最大限度地住下人。旅馆还与周边学校挂钩建立常年联系，每逢寒冬腊月，即使客房全满，旅馆也启动床褥出租业务，旅客可以拿着床被到附近的学校教室借宿，也就几毛钱的成本费，为的是不让一个客人因为客满而流落街头。

兰陵饭店的"诱人"还在于它的"吃"。为解决住店旅客的吃饭需求，与其他

图 7-1 建成之初的兰陵大厦
来源：《百年常州》，南京大学出版社，2009 年

旅馆不同的是，兰陵饭店内部开设了食堂而非餐厅，食堂和餐厅最大的区别在于，前者的综合毛利率按 10% 核算，而餐厅则是 30%，这样一来就能最大幅度地让利让实惠给旅客。食堂以大锅饭菜为主，红烧肉、狮子头等常州地方菜当主角，价廉物美[4]，同时还在常州最早使用明灶明厨，旅客可以自选菜单，厨师现做现卖。不得不说当年旅客吃住首选在兰陵是明智的，也是实惠和舒适的。

饭店开业不久，还在大堂一侧开设了旅行社[5]，这在当时无疑是领先的。旅游业在当时还没有产业概念和经济属性，况且，那时能填饱肚子尚属不易，被视为资本主义贪图享乐生活方式的旅游，对普通百姓来说是一种奢望。即使挂牌的旅行社，也仅仅是开办周边城市短途的旅游业务，代办车船票及预定旅馆，旅游项目也是参观苏州园林、杭州西湖、上海城隍庙传统景点，最远的也就是到百姓向往的首都北京旅游。

20 世纪 90 年代中期，城市百姓生活水平比 80 年代有质的飞跃，收入增加了，有些结余了，开始舍得消费了，市场也进一步活跃了。面对市场大环境，1995 年，在经过建筑设计部门评估论证后，主管商业局决定对大厦进行大规模的更新和改造

图 7-2 90 年代的兰陵大厦
来源：刘纪新

（图 7-2）。这次改造除外立面"改头换面"出新外，大厦内部改造可谓"伤筋动骨"。从大堂到 7 楼打通设立共享空间，并在中央新建 2 部观光电梯与各楼层贯通，功能上也做了大的调整，增加餐饮、压缩客房，形成以餐饮客房为龙头、娱乐为配套、吃喝住游购娱洗七大门类，从 2 楼商业购物开始，3 楼为桑拿舞厅和卡拉 OK 厅，4 楼为中式餐饮及火锅城、啤酒城，5—7 楼为 260 间标准客房。还在大厦西北后院新建了 6 层 3 000 平方米的附属楼，用于办公和仓储。

在东侧 1 楼将原食堂餐厅改为小吃美食城，冠以"中华食街"之名，从南京、广州、长沙、潮州等地请来名厨大师，烹制当地风情美食，还从常州本地请来17 位有传统技艺的老师傅，现场制作常州十大名点[6]。大麻糕在半人高的筒炉里现贴现烤，小笼包从馅心调制到面皮揉捏现做现卖，店堂内点单声、叫卖声，人声鼎沸，喧嚣一时。

也几乎是在同期，大厦改造结束后不久，以兰陵大厦资产为核心兰陵商业集团公司成立了，开始涉足纺织服装、家电摩托、装饰装潢等综合商业经营批发销售，偏离了原本餐饮住宿的主业。"专业人做专业事"，前后不到十年，美食城关了，

图 7-3　兰陵大厦（摄于 2024 年）
来源：常州市城市建设档案馆

客房凋敝了，娱乐萧条了，批发经营亏空了，还拖欠了巨额的债款和集资款，兰陵大厦负山载重，走投无路。

此后大厦被分割出租，大批个体零售成为大厦的主营。2013年5月，受马鞍山市中院的委托，安徽金桥拍卖公司对常州兰陵大厦进行了司法拍卖，后由常州本地一物业公司持有（图7-3）。

欣慰的是，大厦还伫立在原地，虽今非昔比，但成为一个时代的见证。

本章注解

1　三水，茶水、洗脸水、洗脚水。

2　三室，办公室、地下室、会客室；一堂，食堂。

3　甲级旅馆：常州饭店旅馆部、东方红旅馆，以及人民、绿杨旅馆等4家；乙级旅馆：健康、清泉、康乐、东方、红光、新民等6家；丙级旅馆：立新、表场、留芳、为农、西仓等5家。

4　70年代末，常州甲级菜馆喜宴分两类，一类菜34.7元／桌，计有冷菜8个、热炒4个、大菜6个，以及当季蔬菜和随饭汤（鸭血酸汤）；二类菜29.7元／桌，菜单略有调整。

5　清末民初，中国的旅游业为少数洋商垄断。1923年，经当时的交通部批准，上海商业储蓄银行总经理陈光甫在其银行内创办了旅行部，这是第一家由中国人经营的旅行社，并开展短途旅游业务，1924年春组织了第一批出国赴日本旅行的观樱花团。1927年，旅行部从银行分离出来，正式成立了中国旅行社。1954年，中国国际旅行社总社在北京成立，这是第一家经营国际旅游业务的全国性旅行社。

6　常州十大名点：西瀛里迎桂馒头店的小笼包，南大街常州麻糕店的麻糕，双桂坊光明酒酿店的甜白酒，县直街常州糕团店的苏式糕团，南大街义隆素菜馆的净素月饼和素火腿，双桂坊马复兴的菜肉馄饨，弋桥堍三鲜馄饨店的三鲜馄饨，双桂坊双桂麻糕店的清真麻糕，南大街银丝面馆的银丝面，双桂坊美味斋汤团店的酒酿元宵、四喜汤团。

黑牡丹大楼

2022 年金秋季节，位于和平南路 47 号的黑牡丹老厂房大楼以"南城脚—牡丹里"创意园区的炫丽露出了她的新容，黑牡丹在历经了 80 年的波澜不惊后再一次豪情绽放。

说起这座老厂房、说起黑牡丹，又不得不将视线拉回八十年前，从嘉声说起。

嘉声，即创立于 1940 年的吴嘉记布厂，始创者为江阴人吴嘉声。吴嘉声早年先后在江阴和宜兴纺织厂做机修工，烽火连天的 1939 年吴嘉声举家从宜兴迁徙常州吊桥巷吴家场租房开办家庭作坊吴嘉记布厂。1941 年 6 月，由吴嘉记布厂更名为嘉声布厂，收益颇丰。1944 年 7 月迁厂贾家弄，租赁原宜新布厂 11 间平房作为生产车间，并改名为嘉声染织厂（以下简称嘉声厂）。抗战胜利后，棉纺织行业迎来旺季，至 1946 年底，嘉声厂拥有织机 28 台，员工 42 人，生产能力增加一倍，产品销往沪宁各商号。由于生产快速扩张，急需勘选新的生产场地。1947 年初，在权衡比较后，选中陶沙巷 2 号，即今天的和平南路 47 号，以当时 20 件棉纱的价格购得 3.8 亩空地作为新厂基地。该厂址位于琢初桥[1]以南，南距京杭大运河仅 300 米，水路舟船方便，陆路到达顺畅。当年农历三月初开工建设，农历六月竣工，共建成锯齿型车间 15 间、经纬筒纤车间 10 间以及成品辅助车间 17 间，计 1 000 平方米，同时分批更新了生产设备。当年 10 月产量就超过 1 600 匹，全年产量达 18 000 匹，注册了"飞机图"商标，为常州地区最有影响和实力的三家色织厂之一。

新中国成立后，政府鼓励民族工业尽快恢复、发展生产，嘉声厂在新中国成立前后仅停产半个月就恢复生产，重振旗鼓。

1955 年底，嘉声厂完成了公私合营，第二年在全行业公私合营的推动下，又相继有永余、中新、新丰等 7 个染织小厂加盟嘉声大家庭，拥有织机 138 台，员工 311 人，厂区占地面积由原来的 2 500 余平方米扩展到 8 800 多平方米，建筑面积由 1 000 平方米增加到 2 827 平方米。嘉声厂兵强马壮，蓄势待发。

直到 1966 年更名为国营常州红卫色织厂[2]之前，嘉声厂已形成了平绒、元贡呢、线呢三条生产线，1965 年还开发纯棉硫化防缩劳动布供外贸出口，并成为工厂传统产品长达 20 年之久。但由于长期缺乏产品创新，质量没有提升，三大产品市场销售不畅，库存积压严重，且劳动布的外贸订单也在减少，工厂生产经营举步维艰。

转机就在改革开放的春天。1979 年"黑牡丹"商标悄然闻世。当时上海有一个"蝴蝶"牌的元贡呢，时任厂长左思右想，"蝶再美，也得恋花，我们就叫牡丹，让他们绕着我们飞，牡丹之中又以黑牡丹最为珍贵"。注册一年后的 1980 年，黑牡丹将产品定位在风靡全球的斜纹牛仔布上。

牛仔布，原产于法国小镇 Nimes，而牛仔裤源于 1853 年美国加利福尼亚淘金热最风行的时候，淘金工人一直抱怨裤子磨损得太厉害，也装不下淘来的黄金颗粒。于是一位叫李维·施特劳斯（Levi Strauss）的犹太商人萌生了用滞销帆布制作成一种不易磨损的工装裤的想法，为了加固，在裤兜和裤门处还使用了崭新的铜纽扣，成为牛仔服装里恒久不变的标志性元素。19 世纪 90 年代在美国进行大批量生产，当时美国人为牛仔裤在美国诞生而感到莫大的自豪和骄傲。

牛仔裤掩饰了人与人之间的差异和社会地位。牛仔裤特有的平实、朴素特质让众多政要更具亲和力和幽默感，美国前总统卡特（Jimmy Carter）、里根（Ronald Wilson Reagan）、法国前总统蓬皮杜（Georges Pompidou）、英国前首相布莱尔（Anthony Charles Lynton Blair）、俄罗斯总统普京（Vladimir Vladimirovich Putin）都是斜纹牛仔裤的爱好者，因为这种平民化做派、零距离感受在民调中拉拢了人心。IT 行业中的众多新贵们不仅穿着牛仔裤上班，更穿着它出现在高端峰会或晚宴的会场。如今，这种蓝色斜纹裤几乎成为"硅谷形象"[3]的代名词。因为，牛仔裤中蕴含的特质，和他们热爱的事业、崇尚的生活方式不谋而合，同样自由、松散、不受约束。无论春夏秋冬，不管青年人上装如何变化，他们肚脐下永远是一条随意、不羁和充满青春活力的牛仔裤。

正因为牛仔面料及牛仔服装老少皆宜，通用性强，所以长期为消费者青睐，全球市场长盛不衰。在人类的服装史上，迄今为止还没有一种服装能像牛仔服那样与政治、经济、军事、文化、体育、娱乐等众多领域关联。而牛仔裤则被称为"世纪之裤"。

直到 1978 年改革开放，牛仔裤从珠三角进入内地市场，但第一个牛仔裤品牌不是美国的，而是中国香港的"苹果"。而 40 年后的今天，中国牛仔裤产量位居世界第一，全球 80% 以上的牛仔裤来自中国。

面对市场机遇，黑牡丹人没有彷徨不再犹豫，毅然决然开启了 40 余年的牛仔之旅。1980 年是黑牡丹牛仔布生产的元年，此后的三年中，黑牡丹连破"三城"：1981 年黑牡丹自主研发制造的第一台染色浆纱联合机完成试车，在国内最早开始规模化生产牛仔布；1982 年在秋季广交会[4]上第一次对外成交，走出国门；1983 年靛蓝防缩劳动布（牛仔布）获国家银质奖。

从 80 年代中期到 90 年代中期，黑牡丹先后从意大利、德国、美国和日本引进了当时处于国际领先水平的剑杆织机、自动络筒机、结经机、配色分析仪等关键设备，在国内率先实现了织机无梭化、纱线无结化，为规模化生产高档牛仔布面料奠定了技术基础。也就在这一时期的 1988 年和 1996 年，黑牡丹牛仔布年产量跨越了 1 000 万米和 2 000 万米大关，"对你的品牌负责——黑牡丹牛仔布"，其以硬朗自信的广告承诺，独占鳌头，成为中国高品质牛仔布巨无霸。2002 年 6 月 18 日，黑牡丹 A 股上市，被誉为"中国牛仔第一股"（600510）。

花香引蝶，声名远扬。从 90 年代中后期开始，黑牡丹与 GAP、BOSS 等世界知名服装品牌就有了接触和呼应。但这些世界级的知名品牌和商家，对产品质量的要求近乎苛刻，而各种新奇特品种的订单也越来越频繁。面对市场变化和竞争，黑牡丹对标世界一流水平，从 2000 年初开始开展了新一轮技术更新，先后引进世界最先进的无梭织机、喷气织机、染浆联合机，不仅全面满足市场对产量的需求，更满足客户对新奇特产品开发的要求。

正因为有了足够的实力和底气，黑牡丹开始与牛仔布鼻祖 Levi's 对话，经过多轮比对、筛选、调整、打磨，黑牡丹牛仔布实物品质逐步被 Levi's 认可接受。2006 年，Levi's 副总裁在黑牡丹香港公司的撮合和斡旋下前来工厂考察洽谈。在实地体验后，其对黑牡丹牛仔布的产品质量和研发能力刮目相看，合作规模迅速扩大，第二年就达到上千万码的销售量，为在美国和欧洲市场的持续深耕造势扬名。也正因为 Levi's 作为行业巨头的示范引领，此后，GAP、CK、AEO 等知名品牌相继慕名而来，其一见如故相见恨晚，相伴相随如胶似漆，形成了长期稳定的合作关系。"水涨船高"，"傍上大牌"后的黑牡丹牛仔布也由此身价不菲，无可争议地成为牛仔服装行业的花中皇后。

牡丹盛开，花香四溢。尽管从 70 年代开始，工厂根据不断扩大的生产规模一直在不断地基建更新，分别在 1978 年、1980 年、1987 年和 1990 年完成了前织、平绒、织布和染浆联等四大车间的生产布局[5]（图 8-1），建筑面积由 50 年

图 8-1　80 年代的黑牡丹大楼
来源：常州中吴网，2019 年

代的 2 800 多平方米扩展到 90 年代初的 17 500 平方米，其中，三层剑杆织机车间为江苏省首家织布机械上楼的车间。尽管在兼并重组第十、第九织布厂的基础上，1995 年成立了黑牡丹（集团）股份有限公司，但分散点状的产能布局，以及和平路局促的老厂房已难以容纳庞大的牛仔布生产产能，不足以支撑国际化全球化经营研发的扩张需求。2004 年 9 月黑牡丹掀开东进帷幕，在东郊青龙建设占地 2 000 余亩的黑牡丹生态工业园，形成了纺纱—染色—织造—后整理—服装全流程生产体系，为铸造百年老店锚定根基。

为保存历史记忆，再现黑牡丹老厂房的时代风华，激发工业遗存的潜在价值，2019 年启动"南城脚—牡丹里"[6]（图 8-2）文创园更新建设。将原前织车间、平绒车间、织布车间、染浆联车间规划为黑牡丹纺织文化艺术馆、ERQ 旗舰店，是汇视觉艺术、穿戴艺术于一体的文创展示窗口，非遗体验及再设计展陈中心，轻餐饮、商业配套店和城市人文社群活动空间。建成后的文创园将聚合各类文化艺术资源，携手青果巷共同打造"文商旅生态圈"，实现文化、旅游、商业的跨界融合，让工业遗存重焕生机！

图 8-2　南城脚—牡丹里（摄于 2024 年）
来源：常州市城市建设档案馆

本章注解

1　琢初桥，坐落于青果巷东端，1928年由邑人伍琢初捐款建造钢筋混凝土平桥，并以其名字命名。伍琢初（1864—1928），名玑，号卓周，常州人，出身官宦家庭。早年随父在湖北治理洪涝，后被保荐为知县、知府、道员，政绩突出，尤以治水为著。辛亥革命前夕，伍琢初辞官回乡，后热心于地方公益事业，创办贫儿院、贫民工场等，曾任武进红十字会会长。他在目睹行人过往新坊桥高桥不便时，萌发了要建一座平桥的宏愿。不幸的是，1928年11月伍琢初先生中风仙逝，其子伍常箴、伍守谟谨遵其父生前之愿，筹捐父亲遗产5 000元并其他捐款建桥，1929年底竣工。为感念伍琢初先生的善心和功德，人们将桥命名为琢初桥。

2　1966年嘉声染织厂改名为常州红卫色织厂，1985年常州红卫色织厂改名为常州第二色织厂，1995年更名为黑牡丹（集团）股份有限公司。

3　硅谷形象，"普通衬衫＋牛仔裤＋休闲鞋"的代名词。

4　广交会，从1956年起，每年在广州春秋两季举行的中国出口商品交易会，简称广交会，是中国最大规模的出口商品交易会。

5　四大车间：前织车间，1974年由江阴县建筑工程公司驻常四工区设计及建设完成，总建筑面积为2 141平方米，1978年由常州市向阳修建站接建增加215平方米；平绒车间，1978年由常州市向阳修建站生产组设计并于1980年建设完成，总建筑面积为2 105平方米；织布车间，1981年由常州市广化修建站设计组设计完成，整个车间分两期设计及施工，总建筑面积为7 286平方米，由常州第二建筑工程公司于1987年最终建成；染浆联车间，1988年由常州市建筑设计院设计完成，总建筑面积为5 652平方米，由常州第二建筑工程公司于1990年最终建成。

6　南城脚，位于城南德安桥北堍，东起南园，西至和平路，全长236米，巷宽2—3.5米不等，紧靠大南门城脚，古称南城脚。50年代中期原大成一厂的厂方为一线女工建房，属于"上有天下有地"的私房，建房款由每个购房工人在工资中分若干年分期归还。每5户一幢，15户为一行，青砖木地板瓦房，既有江南民居特色又有现代民居的规整。2004年在城市改造中拆迁。牡丹里，源于黑牡丹诞生在陶沙巷里弄。

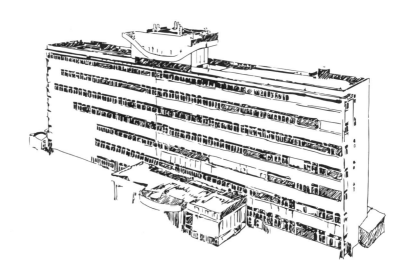

金狮大楼

　　1983 年，在城市的西郊马公桥西花机庙（花园路 59 号），建起了一座宏伟的大楼，说是宏伟，是因为 80 年代初的城西还是一望无边的空旷农田。整座大楼坐南朝北，沿花园路东西走向，长达 72.4 米，进深仅 11.1 米，外形像一个横卧的火柴盒，是七八十年代国内典型的建筑风格和形制。楼高 7 层，建筑面积 3 351 平方米，每层有 13 间大小相等的房间，就像学校的教学楼。大楼由常州建筑设计院设计，常州第二建筑工程公司承接施工（图 9-1）。

　　建成后的大楼设有自行车产品开发研究所、部省认证的自行车检测中心，以及材料采购、产品销售和财务中心，更是金狮集团惊艳华夏闪耀五洲的决策指挥中心。这座大楼与 1979 年建起的 8 000 人规模的金狮自行车总厂一起，构成了当年屹立在西郊的工业小城[1]，记录着金狮火红的年代、金狮人激情燃烧的岁月，也见证着金狮自行车的兴衰历程。

　　曾几何时，金狮牌自行车是常州工业的一张名片，是常州的荣耀，更是家喻户晓的名牌。

　　20 世纪 70 年代初期，消费市场开始流行自行车、手表、缝纫机三大件。为此全国 40 多个城市纷纷上马自行车项目，江苏省内无锡的"长征"、南京的"大桥"、

图 9-1　80 年代的金狮大楼
来源：《夕阳情怀》，周仲贤著

苏州的"飞鹿"和南通的"长江"先后投产。1973 年，常州市轻工业局成立自行车会战办公室（以下简称会战办），并以当时位于劳动西路的印铁制罐厂为主体，联合市内 17 家工厂开始"一条龙"试制。从当年 4 月开始启动，靠着手工钣金敲打、燃煤加热烘漆，土法上马外加零件外购，仗着初生牛犊不怕虎的勇气，20 辆 28 英寸（71.12 厘米）贴有金狮商标精光锃亮的自行车，竟然在"七一"前夕亮相了。一不做二不休，接下来任务又加码，会战办又要求工厂分别在国庆和春节前拿出 200 辆和 800 辆自行车，还要求主要零部件自制、部分外购。为了从上海凤凰自行车厂外购俗称"马"的前叉接头，时任厂长和一位技术员硬生生靠肩背手扛，将装满五大麻袋足足四五百斤重的 1 000 只"马"挤上公交，挪上火车，搬到了工厂。

新产品小试可以靠"会战"，但真正做产品，做有市场有竞争力的产品，仅仅有单纯的勇创精神是远远不够的。规模、质量和品牌是产品立足市场竞争的三大法宝。

倾家荡产建新厂。从 1974 年开始选址建厂，直到 1979 年组建自行车总厂，工厂在花机庙分批累计征地近 300 亩，除了 20 余万元的财政启动资金以及部分银行贷款，动用了轻工业局所属手工联社多年积累的集体资金 1 014 万元，按照当时的说法，"砸锅卖铁""挤干了乳水"，唯背水一战。5 年间陆续建成了高频焊管、冲压、三轴、车架和前叉焊接、油漆、车圈、车把、电镀、机修、热处理各车间，以及锅炉房、配电间、仓库等产业链生产用房，行政办公室、食堂、澡堂等后勤用房，拉开了自行车规模化大生产的架势。

不久，决策者还作出了一项事关金狮生死存亡的重要抉择，果断由 28 英寸转型转产为 26 英寸（66.04 厘米）轻便车，不仅与国内同行差异化竞争，填补了江苏自行车产品空白，还成为当时自行车领域的一枝独秀。加上乳白色、天蓝色、赭红色等彩车的面世，一改以往黑色当道的沉闷，金狮迅速成为市场的"新宠"，凭票购车，一票难求。在当时物资短缺年代，金狮作为常州的名片，一度还成为市里与外地协作，换回急需的煤炭电力以及紧缺原材料的"筹码"和"润滑剂"。几度春秋，在强手如林的市场竞争中金狮站稳了脚跟、赢得了先机。

工贸联营上规模。1978 年，国家提出了"出口创汇光荣"的鲜明号召，鼓励有条件的企业扩大出口，赚取更多的外汇用于急需的技术改造和经济建设。因为金狮在自行车行业的异军突起和抢眼表现，引起了对外经济贸易部（以下简称外经贸部）和轻工业部的关注，他们在派员实地考察后认为，工厂具备成为外贸出口专厂的基础条件，值得按照外向型经济模式扶持发展，当年 9 月批准工厂为外贸出口专厂并安排了 250 万元技改资金，为快速发展的金狮注入了动力。1982 年 12 月，外经贸部所属中国出口商品基地建设公司又与工厂联姻，成立工贸合营常州自行车总厂，基地公司投入参股资金 800 万元，并获得 350 万美元贷款额度，这在当年对于没有风投也没有上市融资，但又急需资金投入做大规模的金狮无疑是天赐良机，久旱逢甘霖。

后来金狮的成绩单也一再被刷新，不仅体现了金狮人敢为人先勇立潮头的雄心壮志，也充分证明工贸合营符合时代的要求，开创了产业振兴的先河。产量从 1979 年 10 万辆、1985 年超过 100 万辆，到 1990 年突破 200 万辆；出口由 1987 年的 300 万美元、1990 年的 600 万美元，到 1991 年跨越 1 000 万美元大关；

利税从 1985 年起连续四年列全市工业企业榜首，1990 年上缴利税占全市工业企业利税总额的 1/10。扩张神速，业绩赫然。

技术引进创品牌。工贸合营使金狮傍上了"大款"。有了钱用在哪里？企业的发展站在了三岔路口。当时有两个路径供选择，要么铺摊子上产量，要么创品牌抓质量。而质量品牌的基础和前提是技术更新和创新，在比较权衡后，决策者力排众议，将宝贵的资金用在引进国外先进设备上，倾力打造金狮升级版。前后几年先后引进了彩漆自动喷涂线、车圈成型机、曲柄加工机以及外变速器生产线和检测设备等 147 台套，加上消化吸收配以部分国产设备形成了 45 条自动和半自动生产流水线，使生产工艺和装备水平在同行业中处于领先地位。这让还处在 80 年代中期的众多工业企业不仅难以企及还顿生羡慕，也是金狮保持产品核心竞争力的关键一招。

"金刚钻"有了，"瓷器活"能否做优做精，还在于企业是否有品质精神。除了在工厂内部推进全面质量管理外，从 1983 年起金狮还曾试行产品召回制度，这在当时中国市场经济尚处于起步阶段，消费者对产品质量还不够挑剔，同行竞争还相对粗放的环境背景下实属难能可贵。正是凭着如此这般韧劲和执着，在 1982 年和 1984 年先后获得江苏省和轻工业部优质产品称号后，1986 年问鼎自行车行业最高奖——国家银质奖，金狮牌自行车成为国家驰名商标。

回眸历史，19 世纪 60 年代自行车传入中国。1868 年 11 月 24 日的《上海新报》，记录了上海街道出现的几辆自行车，称："即中国行长路，客商尽可购用之，无不便当矣。"民国时期，自行车成为邮差的主要交通工具。1940 年永久自行车问世，但产量极少。1950 年和 1958 年天津的飞鸽和上海的凤凰又先后诞生，但因为产量低、价格贵，市场消费受到限制。

直到改革开放后，人口众多的中国，才成为"自行车王国"。"流动的长城"形容的就是改革开放后中国城市出现的自行车流。80 年代初期的中国，尽管每辆自行车百元价格相当于当时工人 3—4 个月的工资，尽管计划经济时代一票难求，但作为"三大件"之首，人们对自行车的渴望始终高涨。因为凭票供应的现实让自行车极度稀缺，有的家庭结婚时甚至因为缺少自行车而感觉留下了遗憾，显得不够完美，拥有一辆自行车的幸福满足感绝不亚于今天拥有一辆汽车。在日常生活中，骑自行车几乎是每个中国人必备的技能，自行车除了拥有代步及负重运输功能，更寄托着人们对美好生活的追求，那些与自行车有关的动人画面和场景至今还留在人们的记忆中。直到取消票证后的 20 世纪 80 年代末，中国自行车保有量达到 5 亿辆之多，成为名副其实的"自行车王国"。

改革开放给老牌自行车企业和行业带来了辉煌，也送来了挑战。1994 年，国务院公布了中国第一个《汽车工业产业政策》，鼓励个人购买汽车。随着家庭财富的增加，人们生活水平的提高，以及生活方式的改变，从"面的"、夏利到雪铁龙、桑塔纳，私家车、摩托车开始进入普通人的生活。与此同时，90 年代中后期外资品牌自行车开始进入中国市场，对国产自行车形成了猛烈的冲击。摩托车、汽车以及外资品牌自行车的多重夹击，迫使在此后的 10 年间国产自行车全线进入低谷，自行车销量连年急剧下降。

市场环境的巨变，外资品牌的冲击，自行车厂商的同质化竞争，被高速增长和扩张所掩盖着的、国有企业固有的弊端以及由此给企业发展带来的内伤，面对急剧变化的内外部环境，自行车生产企业一时难以招架。金狮与上海凤凰、永久，天津飞鸽以及广州五羊一样，销量出现了"断崖式跌落"，几乎同期遭遇灭顶之灾。

1993 年金狮产量 230 万辆，达到了峰值。1994 年金狮的拐点开始。从1995 年开始产量下降，此后 3 年产值销售一降再降并巨额亏损。1999 年 10 月在分流安置员工后，以自行车总厂为主体组建的金狮自行车集团股份有限公司解体歇业，金狮訇然倒地。

时过境迁，在长达 10 多年的沉寂后，中国的自行车行业出现了新的转机，"自行车王国"的盛景以另一种形式出现。在旅游、运动、环保的倡导下，共享单车成为新宠，时尚创意自行车受到青睐，骑行消费升级，骑行文化的土壤因为自行车厂商的精耕细作再现生机和魅力。

成立于 1949 年，日本最大的自行车生产厂商之一的普利司通自行车于1995 年来到常州设立当时在海外的唯一工厂，2014 年又追加投资搬迁扩建，从过去 90% 以上返销日本转而深耕中国市场，不同系列功能、顶尖工艺制造的赛车、山地车、休闲车等纷纷在国内 200 余家专卖店亮相迎客。作为台湾五大自行车企业之一的永祺自行车，2000 年在常州高新区投资建厂，2015 年又增资扩产，年产 500 万辆功能车、高端车，还将开发"大脑"从台湾移到常州成立研发中心，从原来的代工模式转变为 4G 设计生产模式。

普利司通和永祺在常州大有作为，与其说是中国巨大消费市场的驱动，倒不如说常州有着自行车生产的强大基因和产业基础。它们以常州为基地，内外兼修，国内外市场两个轮子并驾齐驱，产品迭代更新，新品不断惊艳，打造行业翘楚，重现后金狮时代辉煌，捍卫着常州自行车在中国业内的地位和声誉。

令人欣慰的是，金狮大楼还屹立在今日繁华的花园路（图 9-2）。2003 年，大楼由金狮的新主人金润实业公司租赁给民营仁爱医院使用，这不仅让这座承载着奋斗与荣光的大楼重现生机，还使大楼仍然为社会为公众服务；不仅让昨天的金狮人悲喜交加，也给城市和后人留下一段记忆和深深的怀念。

图 9-2 金狮大楼（摄于 2024 年）
来源：常州市建设摄影协会

本章注解

1　金狮工业小城，从 1973 年开始筹建工厂，按照自行车生产布局，先后建有油漆车间、金工车间、抛光装配车间、冷轧酸洗车间、电镀车间、前叉车架车间、成品仓库，以及污水处理工程、后勤生活设施等，直到 1981 年底，建成厂房 6 万多平方米，占地面积 19.7 万平方米。

常州市工业展览馆

常州南大门兰陵迎宾路口，有一座别具一格的六边形建筑，它就是当年全市名优工业产品的集结地——常州市工业展览馆的旧址（图 10-1）。

常州工业源远流长。晋代有梳篦，唐代有绢绸，近代民族工业发展史上也有罕见的奇迹。新中国成立以来，常州通过"母鸡下蛋""滚雪球""小桌子上唱大戏""一条龙专业化协作"等生产模式，开辟了地方工业的新路子，为全国中小城市的早期工业化探索成功之路，在工业化发展道路上创出了常州经验，享有"中国工业明星城市"的赞誉，由此创造了"中小城市学常州"的辉煌。作为最直观最生动的学常州窗口，也是为了集中展示常州这座城市产业协作的配套实力、门类齐全的制造能力以及名优商品的多彩魅力，常州市工业展览馆（以下简称展览馆）应运而生。

在此之前的工业展览馆，曾经设在市工人文化宫内，1978 年文化宫恢复，展览馆搬迁退出。

而新馆最初的动议并不叫展览馆，而是名为"双革四新陈列室"[1]，建设落成后才正式冠名为常州市工业展览馆[2]。该馆由当时的市经委负责筹建，天津大学建筑设计研究院设计，常州第二建筑工程公司承建施工，1985 年 1 月 9 日开工，1986 年 10 月 24 日竣工。馆区占地面积 23.15 亩（15 433.33 平方米）[3]，建筑面

图 10-1　建成之初的工业展览馆
来源：常州第二建筑公司档案室

积 3 555 平方米，工程造价 219 万元。建筑高二层，屋顶为螺栓球焊接节点网架，锰钢钢管、网架厚 1.8 米，网架总面积 2 500 平方米，屋顶工程及空调、通风、动力线路、管道由市水电安装工程处[4]施工安装。从建筑平面看，展览馆呈不规则的六边形，类似纺纱厂的宝塔筒，朝东南的主入口正门宽大，朝西北的后部收窄狭小，这是因为当时在它左右两侧的既有建筑限制了建筑空间。

展馆外墙呈朱褐色配以银灰色的铝合金窗框，正门上方饰有象征钢坯的三角立体模型，风格时尚前卫又传递着制造的力量。竣工后的第二年，经过布置陈展后展览馆正式对外开放。走进展馆大厅，"常州市工业展览馆"八个大字镶嵌在霓虹灯里熠熠生辉，下方红、绿、黄变色的喷水池散发出炫目光彩，象征着常州工业经济充满勃勃生机。展览馆一层按行业设有纺织工业、机械工业、轻化工业三个展厅，按产业门类陈列展示当年常州生产的各类名优产品。二层设有近千平方米的展厅，可以举办各种不同规模的展览展销会。

在人们的记忆中，展览馆不仅是当时的展览及会议中心，还是精神文明建设和爱国主义教育基地，许多机关、学校及企事业单位选择展览馆作为教育活动的场所。多位国家领导人将展览馆作为视察常州的重要站点，有"到常州非看展览馆不可"之说。

展会的雏形是集市或庙会，展览馆和会展中心是人类迈入工业文明后的标志之一。早期的世博会被清政府称为"炫奇会"或"赛奇会"，直到 1873 年维也纳世博会才正式有了官方参与的记录，1851 年建造的伦敦水晶宫是最早的大型展览馆建筑。建于 1954 年的北京展览馆，是新中国成立后北京建设的第一批重大建筑之一，是中国第一个真正意义上的会展中心。从 80 年代开始直到现在，中国的会展业先后经历标志型、功能型、规模型、专业型以及生态型的转变和提升。如果说工业展览馆是时代的产物，作为展示一个地区工业产品形象的标志性窗口，还带有计划经济色彩，那么现代会展中心已经超越了工业展览的本意，规模更大、功能更齐全，更适合会展经济。而现代工业企业展示产品、宣传推广产品的手段和渠道也从线下到线上、从实物到虚拟、从平面到立体，多重融合。

展览馆作为常州工业产品精华和浓缩的代表，展示了常州产品的实力家底，也是工厂最好的广告窗口。尽管当时许多产品供不应求，还是卖方市场，但每年的秋季交易会和 90 年代后连续多年举办的"名、特、优"新产品展销会，还是让这里车水马龙，宾客云集，因为这里有好货可淘，特别是日用消费品。

电视机，是 80 年代稀缺品，也是展览馆的"高档"消费品。"幸福"牌电视机由成立于 1979 年的常州电视机厂生产。工厂起初以生产"永生"牌工业用途的电视机为主，80 年代初期开始生产家用电视机，在"幸福"牌之前，还曾用过"凤凰"和"常州"两个牌子，时间都很短。80 年代中期，工厂与南京熊猫电子集团合作，贴牌生产"熊猫"牌电视机。"幸福"与同期上海的"金星"、苏州的"孔雀"、无锡的"红梅"电视机都是当年十分紧俏的商品，在产品开发生产的时间上常州甚至更早于苏州无锡。

当时一台 18 英寸（45.72 厘米）电视机价格在 1 300 元左右，相当于一般工人 4 年的工资收入。尽管价格不菲，尽管当时电视机因屏幕画面不稳定还时常飘着"雪花"[5]，但萌动于 80 年代、由港台输入的电视连续剧的转播，吊足了观众的胃口，让观众欲罢不能，会出现"向阳院"[6]中人头攒动，几十上百人紧盯着一台 9 英寸（22.86 厘米）电视机的场面。即使窘境难堪，但实在压不住如饥似渴的观看热情，

百姓自购电视机的愿望强烈，但一票难求，供不应求。除了凭票排队购买，还需要托关系才能买到。有些急不可耐的热衷者为省钱并早日看上电视，自己在电子元器件商店购买显像管、高频头[7]请人拼装电视机，连外壳都是由木工用三合板制作而成。直到1998年停产前，常州电视机厂共生产电视机60余万台。

照相机，也是当年的"网红"。难以想象在展览馆陈列的红梅牌照相机，起初竟是由身为"门外汉"的常州消防器材厂和郊区红梅眼镜厂合作生产的。"没有金刚钻不揽瓷器活"，面对高精密度照相机的生产，尽管工厂拿出十八般武艺但总是缺胳膊断腿，500只十字槽紧固螺钉和1 000张装饰橡胶贴皮，是厂长考察日本期间采购背回来的。1973年7月，4架红梅Ⅰ型120系列折叠式相机[8]样机出炉，至1974年共生产了350架，由此揭开了常州生产相机的历史。

1975年常州照相机厂成立，直到1985年的11年时间里，红梅Ⅰ型相机共生产了53万架。因为120相机是全金属生产的，分量实沉，当时机械工业部一位领导曾提出制造一种简小好用、价廉物美的135型塑料相机，并提供美国柯达225-X塑料相机作为样机。此后的1976年常州照相机厂联合无线电厂、柴油机厂、戚墅堰机车车辆厂等9个工厂的技术力量联合艰苦攻关，1977年6月红梅135塑料相机开始定型生产。至1985年底，红梅相机的型号达10个，累计生产相机86万架，1988年产量一度达到21万架，还出口印尼等东南亚国家和地区。

当年一架相机的价格相当于一般工人两个月的工资，加上胶卷冲印费用，玩相机的奢侈不亚于今天对手机的追捧，大部分家庭和百姓也只有在纪念重要事件或重要节日时，才会拍照留念，尽管这些年代留下的照片少，但洋溢着幸福感和仪式感。当年文化生活灰色单调，百姓把对生活的热爱寄托在家庭合影、山水留影中，而红梅相机的大众情怀平民路线，正迎合了百姓的精神需求。红梅朵朵开，风靡大江南北长城内外，红梅相机成为百货商店的抢手货，红梅Ⅰ型也成为当时工厂获利最多的一款当家产品。直到数码相机及手机的普及，存续了百年的传统胶卷摄影逐渐淡出人们的视线，成为"发烧友"的小众偏爱。

收录机，是伴随港台音乐进入内地（大陆）的又一潮品，展览馆陈列的四喇叭收录机是80年代潮男潮女"游街"的标配[9]。由常州无线电总厂生产的星球牌收录机[10]与当年武汉的长江、盐城的燕舞、上海的红灯和春雷以及南京的熊猫都是收录机中的名旦名角。收录机不仅是年轻人时髦的标配，更是家庭置办婚事的必备品，从 1984 年到 1993 年的 10 年中，星球当红款四喇叭 SL8807 曾销售超过 100 万台，市场占有率超过 30%，每年两次的订货销售会中"火爆""被抢抢的"（地方俗语，意思很抢手），是星球的标签。

照相机、电视机、收录机，以及金狮自行车、灯芯绒、柴油机等等，这些当红的地方产品，尽管在开放的市场竞争中有的被淘汰出局，有的被新品牌替代，有的被更新迭代，但曾经作为百姓生活中的"宠儿"，那是一段挥之不去的记忆和怀念。同样，展览馆的模式和功能也被运河五号的工商记忆馆[11]和新北区的常州国际会展中心[12]取代。

1998 年展览馆闭馆后，其场地一度为旅游用品市场提供交易场所，但时间很短。2002 年 5 月，"宏图三胞"电脑市场在展览馆登场揭幕，也就时隔 1 年半，"宏图三胞"迁址电脑城。2004 年福海大饭店租赁进驻，进行了十多年的餐饮服务，以后又有医疗美容机构进入（图 10-2）。

图 10-2 现为医疗美容机构的工业展览馆（摄于 2024 年）
来源：常州市城市建设档案馆

所幸的是，这一六边形建筑还在。在今日繁华的兰陵片区虽不起眼，但敦实依旧，熙来攘往。

本章注解

1　1979 年 5 月 25 日，常州市计划委员会给市经济委员会批复，同意建造"双革四新陈列室"。"双革"：革命、革新，"四新"：新材料、新能源、新装备、新医药。

2　常州市工业展览馆，最早使用"常州市工业展览馆"公章的记载是 1984 年 6 月 18 日，常州市工业展览馆与天津大学建筑设计研究院签署的设计协议书。

3　占地面积 23.15 亩，原址系 1977 年市交通局为建造车船监理所而征用的 18.8 亩，但征而未用。1979 年将该地块转让给市经委用于建造展览馆。另，因为建设所需，又征两块菜田计 4.35 亩，地点都在原永红公社东方大队恽家村生产队。

4　市水电安装工程处，前身为 1958 年成立的常州市水电安装工程公司，1978 年改为水电安装工程处，1984 年改为常州工业设备安装公司，2013 年更名为江苏新有建设集团有限公司。

5　"雪花"，因为电视机接收和传输信号的不稳定，电视机屏幕上经常出现闪烁、模糊的类似下雪的图案。

6　"向阳院"，"文革"后期，以居委会所辖的街巷为单位，成立了"向阳院"，用"向阳院"这种形式开展群众性的文化、娱乐、教育活动。那时，整个城市基本上由大片大片的平房组成。住宅多数属于"组织上"分配的，同一个单位的职工聚居在同一片区域内，形成的住宅区一律叫作"向阳院"。

7　高频头，是电视机用来接收高频信号和解调出视频信息的一种装置，也是公共通道的第一部分。

8　根据使用胶卷区分相机的类别，使用 120 胶卷的照相机称为 120 相机，使用 135 胶卷的照相机称为 135 相机。

9　80 年代，留着长发的年轻人，眼戴蛤蟆太阳镜、身着喇叭牛仔裤、手提录音机在街上游荡，曾经是年轻人一种时尚。

10 常州无线电总厂，由常州无线电厂、常州第四无线电厂以及常州第二航海仪器厂合并而成。合并前，常州无线电厂和常州电讯器材厂都生产收录机，分别用"星球"和"云雀"牌子。此后为做大收录机产业，电讯器材厂的收录机生产线被整合到隔壁的第四无线电厂，成立常州无线电总厂后，统一使用"星球"商标。

11 工商记忆馆，位于三堡街运河5号创意街区内，2008年由常州市档案馆和工贸国资公司联合发起建设。运河5号创意街区系原第五毛纺织厂工业遗存。

12 常州国际会展中心，建于2008年，总建筑面积20 000平方米，共设5个展厅，可布置标准展位近1 000个，同时设有大小型会议室、新闻发布厅、商务中心等配套设施。此前，会展中心曾在位于新北珠江路的科技园过渡。

清潭体育馆

在市区劳动路和清潭路的西北角，高高耸立着一个方形建筑，这就是市民百姓亲切而又熟悉的清潭体育馆。

清潭体育馆建成于 1985 年底，总建筑面积 1.01 万平方米，总造价 1 038 万元人民币。由常州市建筑设计院设计，常州第二建筑公司主体施工，建筑构件厂、机械化施工公司、工业设备安装公司、建筑科学研究所等参与施工。工程从 1984 年 4 月 20 日动工，于 1985 年 12 月 26 日竣工，1986 年元旦正式开馆开放（图 11-1）。

常州最早的体育运动场建于 1918 年，即今天大观路的"老体育场"[1]。由于场地狭小、功能简陋，难以满足群众体育锻炼以及大型比赛的需要。1980 年 6 月，市体委向当时的市革委会提出异地重建的建议报告，当年 9 月，市委常委会即研究决定在清潭建设新的体育中心。从 1983 年起开始施工设计，1984 年将新建体育馆列入当年全市为民办实事十件大事之一。

选择在清潭新建，既是迫切要求，又是机缘巧合，更确切地说，这是常州市新一轮城市规划建设中应运而生的产物。早在 1978 年下半年，面对城区框架局促，知青回城激增，城市建设欠债过多，远远不能满足城市生活需要的困境，常州就开

图 11-1　建成之初的清潭体育馆
来源：《常州城市建设志》，中国建筑工业出版社，1993 年

始城市总体规划的编制。1980 年 2 月，《常州市城市总体规划（1981—2000 年）》基本框定。根据规划将在城市西南片建设规模较大、配套齐全、环境优美的花园新村和清潭新村[2]，其中的"配套齐全"就包括学校、文化站以及体育中心等公共设施。

体育中心在清潭路东段北侧，东靠劳动西路，北临电子新村，规划总占地面积 330 余亩，包括 400 米标准田径场、平战结合的地下靶场、200 米跑道的室内田径馆、其他附属训练用房等，当然还有"重头戏"5 000 余个座位的新型综合体育馆。

这个时候的清潭[3]还十分冷清，除了几个零星的小厂外，就是大片的农田。体育馆原址是归属原郊区、为保障城市供应的菜田。在这个区域规划建设体育场馆，既考虑到这里还有宽裕的空间，同时更多的是因为包括花园、清潭在内的住宅小区全面竣工落成后，这一区域将拥有 10 万及以上的集中居住人口，需要相应规模的运动场馆配套，来满足包括市区居民群众体育锻炼和业余生活的需求。从今天来看，这种顺应时代发展要求、以人为本的前瞻性规划理念，既合情，又合理。

新建的清潭体育馆，具有时代特征。外形为仿"梅花"形，结构新颖造型美观，轮廓清晰线条流畅，装饰淡雅明快。整个体育馆长 74.5 米、宽 70 米，占地面积 5 215 平方米，檐高 19.5 米，采用无缝钢管桁架屋盖系统，跨度 51 米，使用双机抬吊、高空滑行就位安装成功，是有史以来常州跨度最大的建筑工程项目。

在场馆的东南两面设有进场主通道，可以通过台阶到达环通的二层平台，二层平台一圈有 18 个观众出入口。一层朝北入口为运动员、教练以及裁判员通道，在朝南主通道的两侧还设有长方形的水池，内有斧劈石假山和绿植，既朴素典雅又可消防应急。

馆内高度为 14.5 米，室内比赛场地为 38.9 米×23.7 米，面积 921 平方米。北侧是主席台，南侧是裁判记录台，看台分上下两层，木靠背椅，观众席有 5 015 个，大厅设有两面大型显示屏，并采用电子计时计分，场内灯光由计算机系统控制，规模和容量在当时全国中型体育馆中不多见，在江苏仅次于南京五台山体育馆[4]。

1984 年，被视为中国现代体育运动的元年。这年，中国重返奥运会并实现金牌零的突破[5]，也就在这届奥运会上中国女排夺得冠军，实现了三连冠[6]轰动全球，国人为之振奋。同年，中央发出《关于进一步发展体育运动的通知》，这些对进一步提振民族精神和自信心，无疑是极大的推动。此后，各地体育场馆建设出现一波前所未有的高潮。如果说清潭体育馆的建设是在举国上下开放奋进的大潮中呼之欲出的产物，那么体育馆的建成开放也象征常州这座具有"敢为人先"精神的城市，蓬勃向上、迈向未来的豪情壮志。

作为体育馆，竞技比赛理所应当成为其最主要的功能。清潭体育馆落成的当年就相继有 5 个国内外的比赛在体育馆举行，首个开场的是 3 月 12 日举行的全国第六届红双喜乒乓球比赛，来自国家集训一、二、三、四、五队以及江苏、上海等的69 名选手参加比赛，包括世界乒坛名将江嘉良、陈龙灿、滕毅、马文革、曹燕华、戴丽丽、焦志敏等相继在新馆闪亮登场。名将们的精湛球艺，倾倒了全场观众，掌声欢呼声互动声一浪高过一浪，为初春的常州带来了兴奋和激情，为市民带来了视觉享受，更带来了拼搏和勇气。3 月刚过，4 月初体育馆又迎来了中日举重比赛、全国举重锦标赛，盛夏六月东德排球队与中国男子排球二队比赛又在新馆角逐比拼，十月金秋体育馆还承办了当时国内最高水平的全国篮球联赛第二阶段比赛。

体育馆就像一扇打开的窗，让市民感受到运动竞技的魅力，也看到了精彩纷呈的世界。

新馆的落成，让常州市民有更多的机会与球星名将近距离接触互动，而篮球一马当先，因为常州历来就有广泛的篮球运动基础[7]，有一大批篮球爱好者，更有铁杆球迷粉丝。在众多的工矿企业中，白天里车间的能工巧匠，晚上就是球场的灌篮高手，有不少后来的企业家和领导官员，都曾经是篮球运动健将和高手。"常青杯""新世纪希望杯""红星杯""青山庄杯""广电网络杯""延陵周末杯""巾帼杯"，这些或由篮协组织、或由企业机构冠名的篮球赛，曾在清潭体育馆轮番上演，身怀绝技的选手各显神通各领风骚，让市民度过了多少怦然心动的夜晚，也撩动了无数球迷欢呼雀跃的心。也正因为球迷的狂热，姚明、王治郅、胡卫东等国内名将，美国 NBA 球队、中国国家男子篮球队等先后应邀在清潭体育馆登场献技。

2002 年 9 月，第十四届世界女篮锦标赛[8]在中国举行，这是中国首次举办的最高规格、最高水平的篮球赛。常州有幸作为其中的一个赛区，共有美国、俄罗斯、法国、古巴、韩国和立陶宛的 6 支劲旅光临。清潭体育馆也再次进入公众的视线，为球迷粉丝热捧迷恋。三天比赛，场外商贩云集，场内座无虚席，走廊加座，整个体育馆及周边人山人海摩肩接踵。毫无例外，沿途交通受阻，忙坏了公安和交警。

与国外众多体育馆不同的是，中国的体育馆除了作为竞技比赛和体育健身的场所外，还是大型集会特别是文艺演出活动的场所，因为这里能容纳更多的观众。在常州人的记忆中很多的"第一次"也发生在这里：第一次看明星演唱会，第一次看国内高水平的歌舞和杂技，第一次隔着铁丝网看外国大马戏团，第一次见到俄罗斯冰上芭蕾等等。

但所有的"第一次"，与"唯一次"相比，也许后者记忆更加深刻。

"唯一次"是发生在 1998 年 12 月下旬，福利彩票在清潭体育馆设立大奖组[9]开奖。"2 元把轿车开回家""2 元改变一生命运"，激起了中国人沉寂多年的发财梦。开奖当天一早，十里八乡闻讯赶来的男女老少排队抢购，盼望好运落到自己头上。馆内大厅是堆积如山的彩票，馆外广场是诱人抢眼的奖品，尤其是大奖桑塔纳轿车存放在用三层毛竹脚手架搭建的展台上。高音喇叭和着人声鼎沸，彩票纸撒落一地如同下了一夜雪，四周弥漫着热气腾腾的欲望。"大奖组"卖了三天，因为人手不够，临时招募商场营业员、学生约 800 人；晚上银行的工作人员在体育馆当场点钞，直到凌晨；公安尽最大努力组织交通，但清潭路、劳动路及周边几乎瘫痪了三天，这是唯一一次，也是常州规模最大的一次开奖活动。

清潭体育馆的近四十年的风雨历程中，于 1995 年和 2002 年曾有过两次大的更新改造。为满足第三届全国城市运动会排球比赛的要求，1995 年 10 月，投资 150 万元，对馆内场地、灯光、音响、电力电源及显示记分牌进行了改造。规模最大的一次改造是 2002 年，为迎接第十四届世界女篮锦标赛并符合赛事要求，对清潭体育馆进行了全面提升改造，总投资 1 080 万元。在保留原建筑风格的基础上，按现代风格进行了全面换装，提升了颜值。马赛克外立面换成了铝塑板，钢窗换成了铝合金；安装了冰蓄冷中央空调系统，对给排水设施升级更新，对安防和消防系统全面升级；全面改造了音响及电子计分系统，观众座椅由木椅改为舒适的软包，席位由 5 015 个减为 4 750 个。此后的 2012 年，因为部分比赛对环境温度的要求，又加装了制热系统，记分系统也改为彩色显示。

　　2004 年，有着篮球运动情怀的中天钢铁集团，冠名清潭体育馆为中天钢铁体育馆（简称中天体育馆），为体育馆的可持续发展助力加油。2011 年，中天钢铁冠名江苏男篮，全称为江苏中天钢铁男子篮球队（CBA 简称江苏中天钢铁队），从 2012—2013 赛季开始，CBA 部分主场移师常州中天体育馆。中天钢铁队在中天体育馆主场迎战，就好比"喜事办在家里"。2012 年初冬，中天钢铁队首战广东东莞银行队，尽管以 3 分惜败，但整场比赛高潮迭起精彩纷呈，让常州球迷在家门口过足了瘾，惊呼中天必胜中天雄起！每当赛季来临，灯光映衬下的清潭体育馆光彩夺目神采奕奕，成为激情燃烧的乐园。

　　与清潭体育馆相邻的还有常州人民体育场，但对绝大多数常州人来讲，耳熟能详的也许就是清潭体育场，因为在百姓眼里，她们是一个整体，彼此相连不可分割。

　　清潭体育场开放于 1985 年，建成的时间还略早于体育馆，包括 400 米跑道的标准田径场，以及后续建成的溜冰场、举重训练房和地下靶场。1999 年投资 500 万元对田径跑道进行了塑胶化改造。也几乎在同时，原本只承接运动会和大型活动的体育场对市民公众开放。时过境迁，尽管设施陈旧，但因为地方大、跑道标准，体育场一直是清潭及周边地区市民锻炼健身的最爱之处。2011 年，按照"体育公园"模式打造清潭全民健身中心，对体育场进行了全面更新提升，铺设了升级版的塑胶跑道，场内重铺人工草坪，建成标准足球场地。最耀眼的是在体育馆和体育场的中间地带新建了健身中心，总面积 13 353 平方米，三层建筑，第二层为 8 泳道、50 米长的标准泳池，第三层为挑高 9 米的乒羽中心，第二、三夹层还有近千平方米的健身房（图 11-2）。

2008 年，新的奥体中心[10]在市行政中心区域落成，重大赛事活动也易地新馆举行，但在市民心中，清潭全民健身中心是他们的情结所在，是他们日常生活不可或缺的一部分，这也足以证明 40 年前规划决策者的远见卓识。

从远处看，新建的健身中心外观新颖时尚，建筑的第三层酷似上堆的集装箱，既有工业遗风又体现运动的力量。尽管新的健身中心充满活力，但从城市界面看，清潭体育馆的主体地位没有变，在市民百姓心目中，她的风韵不减风采依旧。

未来的体育场馆不仅是城市地标，还将是城市综合体，体育馆与图书馆、咖啡馆、轻餐厅结合，体育与文化、动与静相结合，体现综合性、多样性特征。这是趋势，也是市民百姓对新的生活方式的期待。

图 11-2 清潭体育馆（摄于 2024 年）
来源：常州市建设摄影协会

本章注解

1　1918 年，国民政府在原常州府旧署以西、文庙以东的空地建起了武进县立体育场，由于场地狭小，运动场仅有一条 217 米的环形跑道。新中国成立后，政府将大观路上三牌楼部分公地及旧监狱作为体育场的扩建用地，新建成的体育场占地 26 400 平方米，跑道 300 米，由煤渣铺成，另有篮排球场 3 片，2 个足球、网球场。室内体育馆 800 平方米，位于田径场北端，为毛竹结构、茅草加顶，功能十分简陋，难以满足大型比赛的要求。

2　花园新村，1980 年 1 月开工，1981 年 1 月竣工，一期建筑面积 12.5 万平方米，居住人口 7 000 人，此后又续建了花园二期和三期。清潭新村，一期规划一、二、三村，128 幢，建筑面积 28.3 万平方米，1981 年开工，1983 年 1 月竣工，后续又建设了清潭四、五、六村，至 1988 年底，清潭新村总建筑面积 45.86 万平方米，其中住宅建筑面积 42.33 万平方米，有"梅、兰、竹、菊、春、夏、秋、冬" 8 个组团，居住人口 2.45 万人。

3　清潭，原名清水潭，因历史故事而得名。据明代《武阳县志》记载，明末有两个秀才，因忧伤国事而殉义潭内，故建清水古潭祠，村以祠得名。

4　五台山体育馆建于 1975 年 6 月，建筑总面积 17 930 平方米，长八角形，南北 88.7 米、东西 76.8 米，檐高 25.2 米，比赛主场地 48 米×28 米，面积 1 345 平方米，顶高 22.5 米，可容纳观众 10 000 人。

5　1984 年第 23 届洛杉矶奥运会，是新中国成立以来中国代表团第一次全面参加奥运会，也标志着改革开放以来，中国第一次回到了国际大家庭。对一个国家来说，体育最容易率先融入国际大家庭。在这次奥运会上，中国共获得 15 枚金牌，是一次空前的胜利。

6　中国女排夺得第 23 届奥运会女排冠军，实现了继 1981 年女排世界杯和 1982 年女排世界锦标赛冠军后的"三连冠"。

7　1934 年 11 月，武进县举办小学生篮球锦标赛，夏溪小学获第一名。1948 年，江苏省篮球赛在镇江举行，武进女子篮球队获冠军。新中国成立后的 1950 年 1 月，常州举行了第一届"胜利杯"篮球联赛；在 1953 年举行的篮球联赛结束后还产生了常州市男女篮球队的正式队员。

8   世界女子篮球锦标赛（FIBA World Championship for Women），是国际篮球
      联合会（FIBA）主办的国际性篮球比赛，始于1953年，每四年举行一届。第
      十四届世界女子篮球锦标赛，共有阿根廷、澳大利亚、日本、中国、西班牙等
      16个国家和地区参赛。比赛在江苏南京、淮安、镇江、常州、苏州，以及苏
      州的吴中区、太仓、常熟、张家港等城市的9个场馆进行。常州赛区，于9月
      18—20日在清潭体育馆举行。本届世锦赛美国队获得冠军，俄罗斯和澳大利亚
      分获亚军和第三名，韩国、西班牙、中国名列第四至第六名。在本届比赛中，
      常州广播电视技术中心还与北京电视台合作，直播现场声的拾取、慢动作重放
      以及24秒进攻倒计时等信息和播出字幕的完全同步应用，为转播大大增色。

9   开奖，百姓称为"摸奖"，90年代即开型彩票——2元钱摸一张彩票，现场刮
      开兑奖，奖品从电视机、冰箱直至桑塔纳轿车，这种销售模式被叫作大奖组。

10   常州奥林匹克体育中心，毗邻常州市行政中心，占地面积28.5公顷，总建筑
      面积17.5万平方米。中心包含一个有4.1万座位和6条室内跑道的体育场，有
      6 200个座位、包括篮球训练中心和乒羽中心的体育馆，有2 300个座位的游泳
      跳水中心，有1 000个标准展位的会展中心，有4 400平方米的室内网球馆。

良茂大厦

民以食为天，食以粮为先。

稻米，今天仍是全球 60% 人类的主食。在遥远的古代，野生稻被驯化并艰难生存下来。直到宋代，稻米生产加工技术进入成熟时期，长江中下游地区的稻作文明和衍生文化传到北方。稻米，还改变了中国人的生存条件，在稻米广为种植之前，人们以麦子为食物的主要来源，但在石磨工具发明之前，麦子以蒸煮为食但难以下咽，直到石磨成面粉后，制成各种面食才为人们所接受和喜爱。圣人孔子说"食夫稻，衣夫锦"，稻米是"珍贵的农作物"，食用稻米在当时标明了阶级和身份。

常州在历史上一直享有"鱼米之乡"的盛誉，常州的粮食业更是闻名遐迩。隋朝大业年间，京杭大运河全线通航后，漕运将南方的粮食运到北方，大部分从常州转运，常州成为漕运中心，特别是在漕粮缴纳转运中，由于赋额苛重，赋税制度多变，不时出现籴粮[1]交赋或粜粮[2]交银，又使中转地常州成为粮食交易中心。同时常州有"自苏松至两浙七闽数十州，往来南北两京，无不由此途出"的重要位置，至宋朝，江浙、荆湖、广西、福建诸路都在常州设立"都转运使司"来承办这些业务，漕粮转运增加到 700 万石之多，米市也达到了全盛，成为江南最大米市、全国米市中心之一。清道光五年（1825），试航海道运粮成功，结束了千年仅依靠运河北运漕粮的历史。加上常州原有芙蓉湖 [3]、阳湖 [4] 萎缩渐成河道，江苏部分漕粮转运不得不由常州东移无锡，常州米市转衰。但至清末，常州还是江南最大的豆类市场，为常州"豆、木、钱、典"四大行业之首，"米市河" [5]"豆市河" [6] 等路名也因历史上的粮食豆类交易而得名。

常州享有"鱼米之乡"盛名的同时，作为产粮区长期以来向全国各省市调出粮食，为国家作出应有的贡献，直到 1993 年国家放开粮食经营和市场价格。以后随着农村经济发展和种植结构的调整，常州逐步由粮食调出市变为平衡市，从 2003 年起由余粮市变为缺粮市。尽管如此，常州在粮界的声誉和影响力依旧。"扬州麦子武进稻"，有着"武进袁隆平"之称的育种专家钮中一，一辈子与水稻育种打交道，常年蹲守在田间，竹竿、草帽、雨靴、老花镜是他的标配。他因攻克了水稻"癌症"——水稻条纹叶枯病项目获国家科技进步一等奖，由他培育的"武运粳 3 号"和"武运粳 7 号"成为江苏里程碑式的水稻品种，在 90 年代种植面积就超过了 2 000 万亩，培育成功的 13 个"武"字常规稻优良品种除在江苏省内普遍种植外，还受到浙江、上海、安徽等地的青睐，累计推广种植上亿亩，创造了数十亿元的经济效益，为常州水稻单产八连冠提供了品种支撑，让越来越多的人尝到了幸福米，吃上了中国饭。

粮食生产为历代政府所重视。在漫长的封建王朝时期，各级均设置相应的粮食机构，负责粮食的征收、存储和运输等事宜，并有一整套完整的规章制度。中央管理粮食的机构和官员，秦有"治粟内史"，汉有"治（搜）粟都尉"。唐后改由户部管理。清代，知县掌管全县的田赋钱粮，县衙设立的"钱粮柜"是县的田赋钱粮机构，经管全县的赋粮和课税。民国时期，赋粮由各级财政部门经管，后又设立各级"食粮管理委员会"，1941 年后又改称粮食局、田赋粮食管理处、民食调配委员会等，新中国成立后，常州市设立粮食局，实行政企合一体制，直到 2000 年前后，粮食实行市场化经营，粮食经营企业与粮食局脱钩。

粮食生产尽管为历代政府所重视，但由于中国可耕地面积偏少，加上庞大的人口基数，吃饭问题长期存在。尤其是在 1953—1992 年的 40 年间，国家对粮食生产销售实行严格的统购统销政策，对城镇居民供粮实行高度统一的"凭票、记证、定量"计划模式，维系着粮食供应的最基本也是最低限度的保障线，在这种计划模式下，即使你有钱也买不到更多的米面粮食，"吃不饱""肚子里没油水"，是一代两代甚至几代人刻骨铭心的记忆。在那个年代，老百姓除了等着发工资的日子，最盼的就是每月定时定量的发放粮票。每月初，粮管所的工作人员就会携带各种大小不一、颜色不同、面额不等的粮票来到所辖街道里弄的大杂院，以居民小组为单元，在核对了粮油证甚至户口本后逐个发放，在纯人工手工管理的年代，几乎没有任何差错。

1986—1992 年，是粮食从平价到议价逐步过渡的阶段，城镇居民可以在计划定量供应之外，通过随行就市的市场价方式购买米面粮油。特别是农村联产承包责任制的实行，极大地解放了农村劳动生产力，粮食增产了、丰收了，有余粮了。"手中有粮心中不慌"，1993 年国家开始放开粮食经营和价格，其间粮油价格曾小幅波动直至一度持续上涨，政府又采取了粮差补贴的办法，缓解居民生活压力，直到 1997 年的全面市场化。

2001 年 5 月，《市镇居民粮食供应转移证明》被彻底取消，几乎与户口簿同等重要的"粮油关系"退出历史舞台，百姓可以不受票证的限制和束缚，最大限度地满足对吃的需求，享受"食为天"的乐趣。也正因为手中有了富余的粮，百姓在吃饱主食的同时开始有条件享受丰富多彩的粮油衍生产品和副食品，粮食部门顺势而为、适时适地开发新品满足市场需求。常州第一粮库加工水磨糯米粉、汽水、粒粒橙；第四粮库生产赖氨酸；常州油厂生产代可可脂巧克力，还在化龙巷面店楼上开设了加州牛肉面馆等等。

有作为就有地位。正因为粮食关系国运关乎民生，不可或缺举足轻重，因此在 80 年代对东西大街（延陵西路）的城市改造中，粮食局在中心城区主干道赢得了一席之地，良茂大厦由此应运而生。

建设良茂大厦的初衷是应粮食系统发展多种经营和职工培训之需。大厦由当时的城北粮库作为投资建设主体，由天津大学建筑设计院设计，常州第二建筑公司施工，土地面积 4 019 平方米，房屋建筑面积 12 500 平方米，主楼 14 层，总高 48.9 米，裙房设有盘旋的楼梯，增加了建筑的动感。大厦从 1986 年 6 月破土动工，原计划 2 年完工，由于建设资金不足拖延了工期，于 1990 年 8 月竣工（图 12-1）。

在此后的 30 多年时间里，又前后 8 次对大楼进行了更新和改造，包括 1992 年的 1 200 平方米的加层，1994 年和 2007 年分别按 2 星和 4 星级标准的宾馆改造，

1998 年和 2003 年的两次外墙立面更新，2002 年的消防提升改造和燃料动力"煤改气"，2005 年中央空调和水电系统的重置更新，以及 2021 年结合地铁 2 号线竣工，由政府主导的大厦外立面提升工程等等。大厦前后几经易主，先后归属国有常州地方粮食储备库，2021 年又随地方粮食储备库划归国有常州投资集团持有。

在今天高楼林立的城市中，良茂大厦无论体量还是高度都属于无名之辈，但 30 多年前当她耸立于延陵路西首，不仅是一道风景线，还与周边几乎同一时期诞生的五交化大厦、副食品大楼、新龙大厦等勾勒了 80 年代常州城市第一轮天际线，是千年古城宏大更新改造的先锋。

在市民百姓心目中，既然称为良茂大厦，又是粮食部门盖的楼，那她一定是一个与食品有关、与吃搭界的地方。事实上，在开业以来的 30 余年中，除了设有粮食培训中心外，良茂大厦以其良好的街市位置，先后开设过普惠适中的星级宾馆，有以淮扬菜见长、深受市民百姓钟爱、婚丧嫁娶热闹非凡的良茂酒店，还有曾经让

图 12-1　建成之初的良茂大厦
来源：《百年常州》，南京大学出版社，2009 年

年轻一族趋之若鹜、念念不忘的金苹果蛋糕。大厦以她特有的"民以食为天"的个性，服务百姓日常生活，成为多彩城市拼图的组成部分。

1992年，来自宝岛台湾的金苹果蛋糕登陆常州，第一站就是良茂大厦。由台湾的技术、设备和烘焙大师组合而成的金苹果"舰队"，号称当时本土第一家专业烘焙西点房，她的代表形象是一个"戴蝴蝶结的苹果娃"。金苹果最走红的时候，每逢节假日在良茂店排上两个小时买不到一个蛋糕，被看作很正常的事情。因为早，所以一家独大别无选择，金苹果甚至比1993年肯德基来常州还早一年，比2000年麦当劳来常州更是早了一个时期。最鼎盛时期的1997年，金苹果曾经跨市开到无锡、苏州，跨省开到重庆、成都。但往往一家独大滋生盲目自大，繁荣的背后常常潜伏着危机。

进入21世纪，当各种品牌纷至沓来形成竞争的时候，金苹果似乎并没有足够的危机感，新品开发滞后、管理模式陈旧、团队缺乏活力，市场包容温情但更残酷无情，兵临城下之际，金苹果溃不成军。2005年金苹果只得关掉了所有的连锁店，退回了发家之地——良茂，从边缘化到逐渐被人们淡忘。2011年，被打入"冷宫"几近被人遗忘的金苹果迎来了第四任掌门人，一位"70后"的美少妇，曾提出"新金苹果就是妈妈的烤箱"营销理念，但回天乏术，在经历了短暂的"燎原"之后，金苹果仍不敌对手而黯然退场。

当下，烘焙行业百花齐放，门店形象、标记标识、产品名称不断更新和蝶变着，不时勾起时尚一族味觉味蕾的新期待。但不管怎样，金苹果作为本土烘焙行业先行军的地位毋庸置疑，曾经有人说，如果出一本常州烘焙回忆录，书写开篇的只能是金苹果。

进入2010年后，随着城市布局的调整，位于老城区的良茂大厦宾馆同样面临客源不足、客房空置的困境。为摆脱困境寻求生存之路，当家人审时度势及时调整业态，将部分宾馆改变为福安养老中心，定位于更多普通收入的老年家庭，以普惠价格服务于大众，既符合老城区功能布局，最大限度地盘活存量资源，也契合老城区老年人居住相对集中的现状和对养老照护的需求（图12-2）。

图 12-2 良茂大厦（摄于 2024 年）
来源：常州市城市建设档案馆

本章注解

1　籴粮 [dí liáng]，买进粮食。

2　粜粮 [tiào liáng]，卖出粮食。

3　芙蓉湖，位于常州城东北，面积仅次于太湖。古芙蓉湖北接长江、南接太湖，公元前 248 年，芙蓉湖即立塘垦殖。东晋建武年间，宋元祐、咸淳年间曾多次修治芙蓉湖。明宣德六年（1431），江南巡抚周忱采用水利专家单锷的主张，"恢复五堰，又开江阴黄田诸港"，形成跨阳湖、无锡两邑，纵横 20 余里，周围 60 余里，包田数万亩。

4　阳湖，位于常州东南，是古芙蓉湖西部的一部分。

5　米市河，京杭大运河南岸从怀德桥至南运桥，长 315 米、宽 7 米的路段，加上

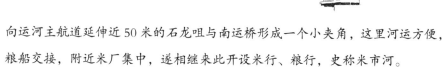

向运河主航道延伸近50米的石龙咀与南运桥形成一个小夹角，这里河运方便，粮船交接，附近米厂集中，遂相继来此开设米行、粮行，史称米市河。

6　豆市河，京杭大运河北岸怀德桥至锁桥，长400米、宽仅2米的石板沿河路段，因这里豆行集中，史称豆市河。

五交化大厦

五交化大厦（今华鹰大厦）位于延陵西路与北大街交会的西北转角上，与副食品大楼、百货大楼[1] 隔街相望。

1988 年 4 月五交化大厦在原邮电大楼[2] 地址上动工兴建，1990 年 6 月建成投入运营。主体建筑 12 层、裙房 3 层，总建筑面积 9 223 平方米，总投资 736 万元，由常州市建筑设计院设计，常州第三建筑工程公司施工。整个建筑结合转角呈"L"形，以大面积虚实对比手法作垂直面设计，以白色为基调，镶嵌深棕色铝合金窗，立面沉稳，似壁立的城墙。消失已久的钟楼[3] 重建在大厦裙房的顶部。建成后的五交化大厦与几乎同期建成的良茂大厦、副食品大楼、百货公司营业大楼等成为延陵西路的标志性建筑，为开放初期的常州城带来了现代气息（图 13-1）。

"五交化"是五金机械、化工原料和交通电工器材商品的简称，综合经营这些商品的公司称为五交化公司。"五交化"是短缺经济、计划经济时代的产物，也曾经是老百姓身边耳熟能详的名字，因为它与日常生活息息相关。

其实，五交化是一个古老的行业。溯源历史，常州早期的五交化业由漆业、铜锡业、颜料业、五金业、电料业和自行车业 6 个自然行业组成。清咸丰元年（1851）在铁市巷口[4] 开设的义兴升漆栈，是常州最早拥有采购、储存、加工、销售生漆

图 13-1　建成之初的五交化大厦
来源：《百年常州》，南京大学出版社，2009 年

业务的专营商号。清光绪二十六年（1900）前后，薛春大在西瀛里开设了第一家专营染料化工原料的源兴盛颜料栈，两年后，陈雪崖在千秋坊[5]开设了第一家五金店——公成泰五金号。此后，电力的启动和电灯的启用，又催生灯泡电料业的兴起。民国时期，随着城市工商业尤其是纺织和机械制造业的发展，小五金店、电料店、油漆店分布于南北大街及县巷一带闹市区；化工原料行、染料行与西瀛里的纱布行、钱庄为邻；而大五金商号则相继开设在水陆交通方便的新马路[6]上。抗战期间，市区五交化商店遭日军烧扰，经营惨淡。抗战胜利后得以恢复和新设，直到新中国成立前夕，五交化已发展成为具有 159 家商户、门类齐全的新兴行业。

　　尽管如此，清末乃至民国时期，伴随着常州电力和纺织等近代工业的兴起，所需的化工染料、建筑五金、电料电器等大小货源，无不依赖进口，当时英、美、德、法及日本在上海开办涉及五交化的洋行有几十家，常州颜料业的天和永、五金业的利华等商号大户不仅在上海开设商号或办事处，还与西门子、卜内门等洋行建有固定的经销关系，自身获利颇丰的同时还为地方民族工业的发展购销原辅材料。

　　新中国成立初期，五交化国产货源依然空白，除生产过程简单的铅丝、元钉等简易零件来自上海等地外，大宗货源仍依赖进口。而进货渠道则按照一、二、三级站批发流通体制，常州货源归属上海五交化一级站[7]转口分配，仅少数商品由天津、广州一级站调拨，五交化因没有独立机构，业务归由百货公司兼营。公私合营后，成立了常州市五金化工交电公司并与常州五交化采购供应站合署办公，持续到80年代中期，机构名称虽几经变化，但站司合一的体制基本维持不变。

改革开放前的1977年，经过国民经济五个五年计划的艰辛努力，我国工业经济实力有了较大提升，进口与国产逆转，地产与调拨反转，常州五交化商品地产自给率也逐年提高，电工电料类占1/3，化工、五金类接近1/5。但部分工业原材料地产紧缺不足或空白断档，仍需要五交化主渠道在全国范围的采购和供应。

曾经作为常州支柱产业的纺织工业享誉全国，而染化料是纺织印染业必不可少的原材料。东风印染厂、东方印染厂、丝绸印染厂、灯芯绒厂、针织总厂，是当年赫赫有名的五大印染厂，正是当年五交化的力挺保供，才使企业有底气排满订单开足三班。当时还原染料、酸性染料及冰染染料等紧缺紧俏，常州五交化通过吉林省五交化与知名企业吉林化工搭上线攀上枝，争取到计划外特供指标，确保五大印染厂不断供不断货。因为常州印染全国有影响力，常州五交化还在商业部挂上号，每年排产排计划，商业部指定常州五交化分管染料的批发主任代表江苏参加全国计划会议，五个印染厂的供销科长怀揣计划清单随行后援，努力的结果就是常州的计划占江苏的一半，为其他城市羡慕不已。即使今天被世界卫生组织列入致癌清单的铬酸，当年也同样是电镀行业的必备品，尤其常州百万量产的金狮自行车，没有电镀就没有锃亮的钢圈，也就没有崭新的自行车。当时济南铬酸厂全国有名，常州五交化与其常年保持合作关系，为电镀企业持续供货，助力金狮名扬中国。

五交化在"买进来"的同时，还尽力"卖出去"，利用全国五交化一、二级批发渠道，抢计划挤指标，报信息供货源，为本地企业、地产商品寻求外埠市场扩大销售。常州乡镇工业起步早，市场敏感度高，许多地产五金类、电工电料类商品由武进金坛及江阴宜兴等周边乡镇甚至村办厂家生产，五交化通过全国专业订货会、省内外五交化站，带着厂家跑码头跑销售，为生产厂家找订单，甚至救活等米下锅的工厂。从70年代中期到80年代中期，不同商品地产收购增长了几倍、几十倍甚至百倍。

当然也有例外。自行车是计划经济时代的紧俏商品，供求、供销缺口大。按照计划，每年由常州五交化收购或代销金狮自行车 20 余万辆。进入 80 年代中后期，工厂羽翼渐丰，加上放权搞活，金狮率先开始市场化经营，而对五交化尽量压缩供货，仅供 10 多万辆，对此五交化颇有微词。围绕计划，五交化称是"指令性"，而工厂则强调是"指导性"，双方几经谈判莫衷一是，最后请市领导做"娘舅"，才各自让步、握手言和，当然有时还需要给工厂一定数量的电视机、电冰箱票作为"润滑剂"，以此安抚和调动工厂的积极性。

如果说计划经济时代五交化与工业生产唇齿相依，是桥梁、枢纽、蓄水池，那么与百姓生活则是相伴相随，形影不离。为确保百姓生活保障，铅丝、元钉、明矾、纯碱、小苏打直到 90 年代中期依然是指令性计划收购保供的商品。即使是石蜡，看似小宗商品仍在计划之列，因为市场价是平价的 3 倍。当年对其需求量最大的是寺庙，香烛消耗量大且常年不能断供，为此蜡烛厂家、寺庙还与五交化交上了朋友，既是生意又是公益，香火不断，福佑百姓。

五交化在大宗批发买与卖的同时，还有直接面对百姓的零售。电线开关、合页拉手、龙头阀门、螺丝螺帽等等，几百上千种小配件小商品，为生活必需、日常必备。民国时期和新中国成立初期，五交化零售商店虽有行业之分，但都有穿插兼营的习惯，五金店兼营油漆，颜料店有制碱作坊，油漆店还制镜和划配玻璃。60 年代初，进行了适度的归并，形成了日用五金、电料设备、油漆颜料、大小五金、油漆工具等专业特色零售商店；60 年代中期，新增了宇宙无线电商店、飞行自行车商店和华昌水暖零件商店。改革开放后，新开设了综合经营的兰陵五交化商场和延陵五交化商店，到 80 年代中期，随着放开搞活，除五交化直属的 17 家商店外，还有区街道及其他集体兴办的五交化商店 70 余家，形成了零售网络，就地就近方便群众。

在没有超市自选更没有微信结算的年代里，大型商店（场）最大的风景是店堂内穿梭往来的"结算系统"，当年五交化商店也不例外。顾客在柜台选购好商品，营业员开票结算，并将顾客支付的钞票连同开票凭证用夹子夹住，通过横挂在店堂空中的钢丝滑送到收银台。钢丝高低错落、纵横交错连接着不同方向的柜台，有点像今天通往四面八方的立交桥。收银台在核对凭证和钞票后，将加盖上"收讫"字样的凭证连同"找零"用同样的夹子夹住原路返回给柜台，一笔生意就此完成。即使店堂摩肩接踵人声鼎沸，但整个过程娴熟默契，忙而有序，且低碳实用。

在商业系统"红旗"竞赛、"四比"服务中，五交化能手辈出，更多的是为百姓群众提供增值和附加服务。五金和电料店、水暖店配备专业电工和安装工，为顾客安装电器和龙头，提供修理和出租业务。自行车是70年代"三大件"[8]之首，市场短缺、供不应求，常州人尤其喜爱上海产的凤凰和永久牌自行车。地处南大街的飞行自行车店，常常是人多车少，凤凰、永久更是凤毛麟角难觅踪影，预订登记、"后门"插队也难解渴望迫切。整车难买拼装凑！商店通过上海工厂和五交化上海站，分批分类采购凤凰和永久自行车零配件，化整为零聚沙成塔。心急的顾客常到店里催货，货到即提；也有的顾客会等备齐八九不离十集中提货，有时商店还直接在店堂由师傅提供装车服务，让顾客按着铃蹬着崭新的自行车，一路拉风心满意足地骑行回家。

五交化与生产生活的密不可分，使它的触角和领域越来越宽，行业规模也不断扩大，实力体量、规模效益在当时的商业系统中名列前茅。但站司合一的批发管理机构还局促在西瀛里简陋的沿街平房里。1985年，政府启动东西大街（今延陵西路）改造提升工程[9]，迫切期望建一批高楼大厦提升城市形象，适应对外开放的需要。

此时，作为有钱有实力的五交化被政府列入"选秀"名单，唯有依靠企业的力量，众人拾柴火焰才更高。而彼时的五交化尽管有些积累、尽管也想"扩容"，但要建如此规模体量的总部高楼也是捉襟见肘，在"税前还贷"政策驱动和政府行政推动下，五交化靠着贷款、兜尽家底，过了几年紧日子，大厦如期启动和竣工。

建成后的大厦为综合性商业、办公用房，4至7层为专业批发部门，8至11层为管理综合部门，1至3层为当时营业面积最大的五交化综合商场，因为南北落差近2米，商场1层结合地形高差、按大平台营业厅及共享空间进行室内设计，弥补了落差带来的不便，让顾客有更好的购物体验。按照五金交电化工商品大类分别设在一二三层营业厅，开业后的商场人头攒动顾客盈门，消弭了商场营业面积是否需要三层的担心和疑虑。

除了商场热闹，位于顶层12楼的喜而登歌舞厅同样热门。90年代初正是交谊舞时髦流行的时候，喜而登歌舞厅名字喜庆、装修考究、音响一流，由专业高手编排的磁带舞曲抑扬顿挫摄人心魄，加上地段好，不仅请客约客来往方便，舞会结束还可以在周边饭店吃饭小酌，怡情回味，所以尽管门票价格12元，但仍与亚细亚红与黑歌舞厅、常州大酒店歌舞厅名列前三名，无需广告，白天晚上两场，场场爆满，周末更是一票难求。

新落成的大厦成为常州一道亮丽的风景，不仅是因为外观设计新颖，体现五金交电的硬朗、颇具工业风，还因为在人们的眼里，能在这里出入上班的人是很吃香的。

最吃香的时间就是大厦落成后 90 年代初的家电时代。那时电视机、电冰箱、洗衣机新"三大件"火爆走红，尤其是电视机、电冰箱市场奇缺，索尼、松下、东芝彩电，西门子、海尔冰箱，没有过硬的关系，想要搞到一张票都是难事，即使是上海的双鹿、苏州的香雪海冰箱也同样紧俏。一面是紧缺的货源，一面是新落成的大厦商场调整出样结构，将"三大件"摆放在一楼显眼的位置，实在是吊足了顾客的胃口。这样的情景一直持续到 90 年代中后期，中外合资品牌在中国产能形成，进入 21 世纪后产品琳琅满目，出现过剩情况。

从计划经济时代的"主渠道"，改革开放初期的"一票难求"，到市场经济的"充分竞争"，五交化似乎完成了它的历史使命。

随着短缺经济的迅速退去，市场经济的强势登场，各种经济成分、各个经营主体参与市场竞争能力的充分释放，大市场、大流通带来了商品的极大丰富，带来了成本的降低和效率的提升，也带来了买方市场。在汹涌的转型变革中，原有的五交化准备不足还手无力。市场无情，不是生产生活不再需要五交化，而是有新的角色挤兑和淘汰了国营五交化，成为这个行业新的主角。

1998 年，站司合一的五交化完成了转制，转身民企华鹰集团，大厦也更名为华鹰大厦。地处繁华市区的商场还维持了一段时间，五金家电等专业公司依靠原有的货源渠道和品牌专营硬撑了几年，但远无当年盛景。以后，商场移址城郊的美吉特建材五金市场，商场原址先后租赁给"七匹狼"服装和"老凤祥"银楼，原来的五交化大厦成为完全的租赁物业。

2008 年和 2021 年，大厦两次外立面维修更新。前一次，拆除了业已停摆数年斑驳生锈的钟楼，后一次，用大面积的银色铝塑板包裹了外立面，黑白相间的硬朗风格荡然无存（图 13-2）。

欣喜的是，大厦还在。尽管今非昔比，但还留着一份念想。

图 13-2 华鹰大厦（摄于 2024 年）
来源：常州市城市建设档案馆

本章注解

1   百货大楼，1955 年 5 月 1 日开业，是常州最早、规模最大的国营零售百货商店，
    2006 年 3 月被拆除改建为钟楼广场。

2   邮电大楼，即百姓熟知的电话电报大楼，建于 1969 年，3 层建筑，朝东南方向
    的正门上有毛泽东主席手书"人民邮电"四个大字。1 楼营业大厅设有长途电话、
    电报收发和信件包裹寄发专柜。1987 年在东西大街改造过程中，此楼被首次采
    用定向爆破技术拆除。

3   钟楼，最早建于南唐。1928 年，建造了钢结构的钟楼，并置圆形自鸣钟报时，
    沿袭鼓楼打更报时的习俗，故名"钟楼"。钟楼高 30 米，共 5 层，底层为人
    车通道，顶层设自来水箱。为防止强台风袭击而倒塌，同时因道路拓宽需要，

钟楼于 1964 年 8 月被拆除，原址位于今北大街与大庙弄之间。

4　铁市巷，在原南大街西侧，呈东西走向，此处原是铁匠店、铁铺较为集中的地方，店多成市，故得名铁市巷。又，常州话"丝"与"市"同音，"铁市"与"铁丝"在方言口语上成为谐音，所以"铁市巷"的口语地名经常会被转化成"铁丝巷"。

5　千秋坊，位于外子城河南，东起大浮桥，西至惠民桥，全长约 200 米，原宽 2—4 米，巷口建有千秋坊，故名。千秋坊，源自齐梁。南宋《咸淳毗陵志》载"千秋坊在金斗门桥南街东"，为今延陵西路新龙大厦与医药大楼一带。民国时期这里即为商贸繁华之地，新中国成立后千秋坊与小营前统称东大街，80 年代后期改为延陵西路。

6　新马路，今怀德中路。

7　计划经济时代，为保障生产经营原料物资的供应和百姓日常生活必需品供应，商业部所属五化交系统，实行一、二级批发站，省市县公司流通体制，上海、广州、天津设立三个一级批发采购供应站，掌控国计民生的重要商品的调配；地市五化交公司增挂二级五化交批发采购供应站牌子。

8　70 年代"三大件"：自行车、手表、缝纫机。

9　东西大街（今延陵西路）改造工程，80 年代中期开始启动，在延陵西路南北两侧建设一批高楼大厦。整个工程由东西大街改造工程指挥部统筹协调，并将规划建设的楼宇内定编号。五化交大厦当时与东丰裕医药商店、侨汇商店合并建造，被编为"6 号楼"，又因为要将原拆除的钟楼重建，所以，"6 号楼"又被称为"钟表楼"，由当时的中房公司统一代建。

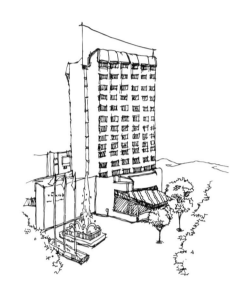

常州大酒店

改革开放前的漫长岁月里，常州对世界的认知是有限的，世界对常州的认识是陌生的。从 50 年代到 70 年代的 20 多年时间里，从国外来常州的外国人十分稀少，有的年份几乎是空白，即使在 1978 年到 1984 年底，每年接待的外国人也只仅以百人为计，1984 年高峰期也只有 580 余人，而且以党宾、国宾为主，由工会、青年社团组织为主，其中还包括根据计划接待的外国驻华使节、科技学术交流团组等，经贸往来、旅游观光、探亲访友的"老外"，稀疏鲜见，几乎可忽略不计。

伴随着一曲《春天的故事》国门开启，1985 年 2 月常州被国务院列为对外经济开放区、外国人旅游甲类对外开放区。次年的 3 月，常州迎来了首个英国旅行团，旅行团一行还乘坐"龙城"号游船沿苏南运河到达苏州枫桥古镇。随后，通过中国旅行社、中国国际旅行社来常州旅游观光的外国游客开始增多，仅 1985 年就超过了 5 000 人次。而同期对外国人开放并具备接待条件的只有常州宾馆和白荡宾馆[1]（后为江南春宾馆），床位数仅 470 余张，还没有冠以星级。两家宾馆普通标间双床居多，窗式空调噪声不小，电话缺乏直拨功能，外币兑换量有限额，西餐、咖啡、酒吧"土洋结合"，对照星级标准，无论是接待能力还是软硬标准，捉襟见肘，左支右绌，已远远不能满足扑面而来的开放浪潮，尤其是不能满足经贸往来和招商引资的需要。

　　酒店（Hotel）一词原为法语，指的是法国贵族在乡村招待贵宾的别墅，后来欧美的酒店业沿用了这一名词。中国是世界上最早出现酒店的国家之一，"客栈""驿站"即是古时沿途食宿之地，唐首都长安已经有了专门接待外宾的"四方馆"。鸦片战争后，帝国主义列强入侵，外商大量涌入，他们在我国大、中口岸城市相继兴建了不少规模较大、设备豪华的酒店，专门为达官贵人和洋商服务，如北京的六国饭店、天津的利顺德饭店、上海的礼查饭店、广州的万国酒店等等。新中国成立后，酒店在企业性质、职业地位和服务对象等方面发生了根本性变化。改革开放后，中国酒店业迎来了全新时代。从 80 年代的希尔顿（Hilton）、喜来登（Sheraton）、威斯汀（Westin）、假日（Holiday Inn）到 90 年代的洲际（InterContinental）、万豪（Marriott）、香格里拉（Shangri-La）等，林林总总、形形色色，全球一二线的品牌酒店几乎全线进入中国市场。酒店业既是对外开放的需要，也是外资进入中国、率先与国际接轨、最早对外开放的行业之一。

　　常州一直有"东张西望"的习惯，东就是上海、苏州、无锡，西就是南京。1983 年 10 月，被誉为"华夏第一高楼"的金陵饭店在南京揭幕[2]，国际媒体视之为中国改革开放的"窗口"予以关注。同期的上海华亭、虹桥等涉外宾馆酒店，更是雨后春笋般出现，苏州、无锡除了家底比常州厚实外，新的宾馆酒店也在酝酿中。高楼就是信号，涉外就是样板，常州也不甘沦为洼地。

　　1984 年 8 月，市政府同意市外办提出的筹建一座中等水平外事旅游宾馆的建议，取名"常州大厦"，选址就在当时的小营前招待所。

　　改革开放前，"招待所"曾经是政府机关作为会议和接待的主要场所，相当长时间带有"不对外"的标签。小营前招待所成立于 50 年代中期，历经数次房屋变更调整[3]，到 80 年代初，招待所有包括大小体量不等的 7 幢楼房，建筑面积 13 579 平方米，占地面积 237 000 平方米，1985 年秋更名为小营前饭店。因为地处市中心，交通方便，加上又是政府直属，成为常州接待全国性会议和重要内宾的主要饭店之一。即便如此，除个别单体小楼外，大部分客房条件十分简陋，有的还没有独立的卫生间，有的客房还放着痰盂、挂着蚊帐，早晨还有敲门送开水到房间的服务，即使客人还在睡梦之中。

图 14-1　建成之初的常州大酒店
来源：《常州年鉴》，
中国大百科全书出版社上海分社，1991 年

　　起初，"常州大厦"作为小营前饭店的改扩建项目立项报批。不久，国家出台了中国版的旅游星级酒店认定标准[4]，按照"酒店、宾馆、大厦"不同的标准定位，同时为增加辨识度，区别于当时已经或正在建设中的其他以"大厦"命名的高楼建筑，将"常州大厦"调整定位为三星级的"常州大酒店"（以下简称大酒店），提档升级，拥抱开放。

　　大酒店一期（B 楼）设计初案来自上海、北京、南京等地设计单位的 26 个竞选方案，经过专家评审，江苏建筑设计院设计的方案脱颖而出。整个建筑由主楼和裙楼构成，建筑面积 19 622 平方米，主楼 17 层，建筑高度 58.6 米，外观呈 60 度三棱体，为砖石形，浅咖啡色外立面配以茶色玻璃窗户，时尚高雅气派非凡，是 90 年代初延陵西路又一地标建筑。大楼由常州第二建筑公司施工总承包，1986 年 10 月 18 日开工建设，1990 年 8 月 1 日竣工并部分客房试营业（图 14-1）。

　　1991 年 10 月 18 日，常州大酒店作为常州第一家三星级酒店挂牌并正式开业。

大酒店共有客房 234 间（套），其中单人间 4 套、豪华套房 10 套。具备三星级酒店客房所必备的中央空调、闭路电视、程控电话、卫生设施等，拥有各式中西餐厅、大宴会厅、咖啡厅、酒吧、迪斯科舞厅、卡拉 OK 厅、商务中心、友谊商场、美容室等配套功能，有了开门迎客的家底和资格。

作为一个现代化酒店所需的许多设备、材料、物品不下万余种，大到电梯、空调、洁具、家具、灯饰，小到杯、碗、盘、碟、寝具、牙刷、牙膏、拖鞋等。酒店筹建期间，正是从计划经济向市场经济逐步过渡时期，国内物资还短缺或不符合酒店采购要求，有的还需要通过进口渠道解决。为了使中央空调、程控电话、电梯、洁具等硬件更"硬核"，当年的建设者颇费周折，费尽思量。

当时国家外汇紧缺，进口用汇受到限制。在省市相关部门的反复争取下，电梯采用了德国的慕尼黑牌，中央空调选中的是美国的约克牌冷冻机组，洁具则是使用当时最时髦的美标。在选择 800 门程控交换机时，负责机电产品进口审批的国家机电办建议常州采用合资品牌上海贝尔程控交换机，但当时综合考察后评估荷兰飞利浦更合适，关键时刻市长亲自出马，得到国家经贸委高层领导的支持和特许，最终飞利浦程控交换机得以顺利进口并安装使用。

室内装修装饰是酒店风格和品质的最直观体现。建设方通过技术招标，5 家装饰公司参与投标，最后由香港金鲤装饰公司总包，确立了装饰基调、材质、色彩等核心要素，并将家具、窗帘、床上用品等可移动物品单独招标选购。

家门口的企业听到常州第一家三星级酒店"招兵买马"，闻风而动。鸿联灯饰来自武进横林，是常州第一家乡镇合资企业，灯具款式源于香港。在经过前期勘察后，鸿联提出了酒店系列灯具方案，最终被酒店选中，无论是在客房、走廊、大堂，还是在餐厅、宴会厅，各式灯具各显风韵完美呈现，让酒店蓬荜生辉。当今知名企业月星集团，通过家具仿制起步，依照常州地域特点，为大酒店设计并精工细作了 234 套客房家具，既豪华气派又不失江南风雅，这或许是月星问鼎 500 强的第一桶金。武进图书设备厂将宴会用大圆桌由传统的 1+4 组合创新设计为两个半圆组合，不仅美观大方还易于拆装和移动，在大酒店推出使用后，不少酒店纷纷要求订货加工，工厂的产品打开了更广的市场。落成开业后的大酒店就像一个琳琅满目的展厅，精彩纷呈，赏心悦目，广告效应、示范效应不言而喻，在体现酒店风采的同时，也为本地企业打开了一扇窗。

市民对新落成的第一家三星级酒店，产生好奇和浓厚兴趣是显而易见的。开业后的头一个月，进酒店观光的市民和游客络绎不绝，因为客房不可以随意参观，只有大堂和卫生间可以自由逗留，不少市民在透亮明净香气氤氲的卫生间东看看西摸摸，由此卫生间每天的卷筒手纸和小香皂消耗量超大。当年酒店内卫生间与外面公厕巨大的反差，让市民从惊讶好奇演变为尝试体验，这是人们真情实意的流露。包括外地亲友出差投宿大酒店，往往本地亲属会借机轮流到温暖的酒店客房洗澡，因为当时家庭很少有淋浴器，每逢寒冬季节，在公共澡堂浴室排队洗澡是一件突出的百姓难事，因此在温暖如春的酒店借光洗个澡是莫大的享受和满足。这些在现在看来貌似不可思议，但在当时却无可厚非。

酒店作为服务业中的一类，最讲究服务标准、服务流程和专业礼仪。开业后的酒店硬件有了，软件服务还需"硬功"。酒店先后选派主管、中层及高管分别赴广州白天鹅宾馆，南京金陵饭店、中心大酒店，香港维景酒店、半岛酒店，跟班见习3个月，还选派客房部经理赴新加坡实习半年。这些洋"插队"洗了脑熟了手勤了腿，心中有了谱服务有了图。以金陵饭店规范标准为模版，结合酒店实情制定了常州大酒店版的服务手册，"确保会议成功""让客人满意加惊喜"是当年酒店的经营服务理念。经过严格培训和匡正，加上当年总台、前厅、迎宾及餐饮服务员个个是俊男靓女颜值超群，很快大酒店成为宾客心目中的钟情之地。

开设在裙楼一层、面向延陵路的太平洋商场，是当年常州第一家进口商品专卖店，既为住店的外商外宾服务，也满足一部分先富起来的常州人的消费欲望。除了进口家电外，化妆品、箱包、服装、文具用品等也都是洋品牌，开张之初，每天顾客挤满店堂、流连忘返，生意兴隆。

整个90年代大酒店宾客盈门，每天下午就满房告罄，市里几乎所有重量级的涉外活动都在这儿举行，国内外知名人士来常都在此下榻，这里还曾经是中国国际中小企业商品博览会[5]的首届会址，包括来自欧美、日韩的外资企业常驻人员大多在大酒店常年包房，一住就是两年三年或更长。

在开放浪潮和内生发展的双轮驱动下，1993年4月大酒店启动二期"康乐宫"（A楼）建设。"康乐宫"28层，高99.15米，建筑面积23 238平方米，总投资2亿元，由浙江建筑设计院设计，常州第二建筑公司施工总承包，1996 年 9 月 28 日投入使用，并与一期 17 层联袂组合成近 4 万平方米体量、近 400 间（套）客房的现代涉外旅游酒店，1998 年 1 月获四星级酒店授牌（图 14-2）。

二期"康乐宫"，是当时常州最高的标志性建筑，建设过程中克服了众多技术难题，围绕 A、B 两栋主楼的衔接，各方意见不一，最初方案是大堂设在二层，A、B 楼间设有下穿过道，但最终还是采取了在一层设置共享大堂的开放式方案，宽敞通透、通达直接，宾客体验感舒适度更强，大堂还被国家旅游局授予旅游饭店"金大堂"荣誉。2002 年酒店投入近 7 000 万元对 A、B 楼进行更新改造，2003 年 6 月，以过硬的条件获得国家旅游局五星级酒店授牌，为常州地区第一家五星级酒店，实现了从招待所到五星高端酒店的跨越和蝶变。

2003 年酒店转制为股份制企业，2007 年中天钢铁集团控股大酒店。此后，酒

图 14-2　常州大酒店（摄于 2024 年）
来源：常州市城市建设档案馆

店还加大投入，先后对 B 楼白云厅等进行深度更新改造，对酒店设备设施更新换代，完善了包括手机 APP 等网络订房营销平台。尽管几经努力奋力爬坡，但随着市场的急剧变化和城市区域功能调整，酒店生意逐渐清淡直到几乎停摆。无奈，B 楼变成了租赁物业，月子会所、好享公寓等先后入场，A 楼挂上了美珈酒店的牌子，维持部分租赁经营。

回首整个 90 年代，是大酒店火红的年代，一批有朝气的青年以能在光鲜的星级酒店工作为荣耀，加上不菲的薪水待遇，即使大学生也趋之若鹜，当时酒店对新招聘进入酒店工作的人员还收取"容纳金"，作为在酒店就业的"门槛费"，还有半年至 1 年不等的实习转正期。今非昔比，随着改制和业态调整，不同层级的酒店员工纷纷另谋他职，有的换跑道改门道转行成为养老机构的当家人，有的改弦易辙投靠其他酒店继而成为主管、中层甚至高管，更多员工开枝散叶，继续在服务行业的不同领域谋生营生。

尽管陷入低谷，但毋庸置疑的是，大酒店作为常州宾馆酒店业曾经的龙头、作为酒店业曾经的"黄埔军校"的历史贡献不会被社会和公众遗忘。期待她的新生。

本章注解

1　常州宾馆，前身是长生巷招待所，坐落在已有三百年历史的"近园"内，1965 年为接待来常的英国专家建了第一栋西小楼，此后又经过数次扩建更新，到 1985 年底，宾馆占地面积 14 980 平方米，房屋建筑面积 7 487 平方米，拥有三栋小楼和一幢接待大楼，标准间 48 间，套房 6 间。白荡宾馆，位于西南郊迎宾路 1 号，1982 年 8 月和 1985 年 5 月，分别建成一号楼和二号楼，到 1985 年底，宾馆占地面积 69 218 平方米，房屋建筑面积 21 540 平方米，标准间 188 间，套房 13 间。1989 年易名为江南春宾馆，1996 年新建了三号楼。2006 年宾馆改制拍卖，2015 年宾馆被拆除。

2　1982 年开业的北京建国饭店引入香港半岛集团管理，1983 年广州白天鹅宾馆开业，由爱国港商霍英东先生与广东省旅游局合资兴建。

3　在小营前招待所原址，有青云坊小学、变压器厂、人民印刷厂、打索巷招待所
　　等单位和企业，从50年代到70年代，先后搬迁易地重建。

4　1988年8月，国家旅游局发布了《中华人民共和国旅游涉外饭店星级标准》。

5　中国国际中小企业商品博览会，简称中小企业博览会，1996年首次在常州大酒
　　店举行，从1996年到2004年曾连续举办了9届，由世界中小企业协会、中国
　　中小企业协会及江苏省人民政府联合主办，常州市人民政府承办。

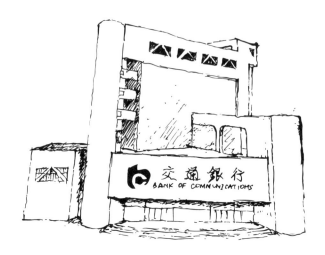

交通银行大楼

交通银行大楼（以下简称交行大楼）位于延陵西路南侧、杨柳巷北口转角处，高 8 层，建筑面积 6 069 平方米，由常州建筑设计院设计，中房常州公司代建，常州第二建筑工程公司和常州工业设备安装公司承接施工，1990 年 6 月 18 日开工，1991 年 11 月 8 日竣工（图 15-1）。

交行大楼地处市中心，当年又适逢延陵西路改造，为此交行与建设代建方就设计方案发起了招标，最终市建筑设计院胜出。主设计师大学毕业不久，初生牛犊不怕虎，突破了传统的大楼建筑与道路南北走向一致的风格，进行了大胆的创新。为了获得丰富的建筑空间形态和较大的裙房营业面积，设计将 8 层主楼面对延陵西路呈人字形平面布局，主楼与 2 层裙房一起面向延陵西路形成空间围合环抱之势。当时建筑立面使用白色马赛克和蓝色玻璃幕墙，两侧横梁还辅以朱红色点缀，建筑造型通过方圆形体对比、材料虚实对比、立面色彩对比，形成雕塑感，力求表达建筑的现代性。

近代银行起源于中世纪的欧洲，主要出现在当时的世界商业中心意大利的威尼斯、热那亚等城市。1580 年成立的威尼斯银行被通常认为是最早使用"银行"[1] 名称经营业务的。中国在周朝就有原始的银行业，近代的"钱庄""票号"是现代意

图 15-1　建成之初的交通银行大楼
来源：《常州城市建设志》，中国建筑工业出版社，1993 年

义上银行的雏形，诞生于晚清洋务运动时期的中国通商银行[2] 是中国历史上第一家银行，股东为封建官僚、买办和钱庄的资本家。

　　交通银行（Bank of Communications，简称交行）成立于 1908 年，民国时期受中央银行的委托，曾与中国银行共同承担国库收支与发行兑换国币业务。交行曾先后在北京和上海设立总行，抗战时期一度迁往重庆，1951 年迁回上海。1958 年除香港分行仍继续营业外，交行国内业务分别并入当地的中国人民银行和在交通银行基础上组建起来的中国人民建设银行（现中国建设银行）。1986 年，为适应中国经济体制改革和发展，进行金融改革的试点，重新组建交通银行，打造具有国际竞争力和百年民族品牌的现代金融企业。

　　1987 年 4 月 1 日，重组后的交通银行在上海正式对外营业，成为中国第一家全国性的国有股份制商业银行。而仅仅 50 天后的 5 月 20 日，常州支行就开张营业，是上海分行辖区内最早的分支机构。当时上海分行是第一个省级分行，常州支行又归上海分行管辖, 总行和上海分行又同在江西中路 200 号, 因此常州分行被称为 "长门长孙"。

回眸交行百年史, 其实, 常州与交行多有缘分和交集。早在 1916 年 4 月, 交通银行就设常州分行于西瀛里, 但只营业了一个多月, 后因纸币停止兑换, 并入交通银行无锡分行。北伐战争胜利后, 外地官僚资本银行和商办银行纷纷来常设立分支机构, 其间交通银行又一次在常州设立支行, 与当时的中国银行、江苏省农民银行和上海商业储蓄银行[3]、武进商业银行[4] 等金融机构集聚西瀛里, 西瀛里逐渐成为常州的金融一条街, 直到改革开放前夕。

交行大楼落成后不久的 1992 年 4 月, 交行由西瀛里人民银行暂住地搬迁到新大楼。大楼 1 层为办理对私业务的营业大厅, 2 层为对公及国际业务部, 3 层为信贷部, 4 层为计划室、办公室、行长室及会议室, 5 层为外汇管理局和太平洋保险公司, 6—7 层为管理部门及计算机机房, 8 层是可容纳 800 人的多功能会议厅, 地下设有金库以及常州最早开设的保管箱存放库。大楼建设过程中, 因地势低洼地质松软, 又考虑金库结构坚固的要求, 曾连续混凝土浇筑 2 天 2 夜, 可谓 "固若金汤"。

营业办公条件具备了, 常州分行又是 "长门长孙", 如何作为呢?

80 年代中后期市场经济正在萌动, 重组后的交行尽管 "业务不受银行专业限制、机构设置不受地域限制", 但工农中建 "四大行"[5] "分兵把守" 四大板块的银行业务, 工行管城市、农行管农村、建行管基建、中行管外币, 几乎没有留给交行空间。尽管从政府行政层面给了交行一些通道, 但到了客户层面依旧阻力重重。

破冰破局夹缝求生, 唯有剑走偏锋另辟蹊径, 唯有在谦和中酝酿时机寻求商机。重组后的交行似乎就自带新门道新赛道, 赛道一就是保险业务, 这在当时其他银行是空白。交行把当时的分行保险部升格为太平洋保险常州支公司[6], 信贷员走访客户首先从保险聊起, 客户与交行的合作也从保险开始, 然后才有信贷、结算到零存整取储蓄, 接下来才有全面的合作。赛道二就是做活债券, 交行抓住获准发行 "交好运" 及大额可转让定期存单的机会, 同时推动国库券交易, 由此包括储蓄在内的柜面交易也带动活跃了起来。此后, 证券业务部还升格为海通证券常州营业部(公司)[7], 交行因地制宜因企施策搭建以银行为主体, 保险、证券为两翼的 "一体两翼" 的综合经营架构格局。

依靠敢为人先又顺势而为的经营策略，交行还是在有限的空间里"长袖善舞"。交行不仅自己活下来，还使常州银行金融市场活跃了起来，以后有了"工行下乡、农行进城、建行开店（网点）、中行上岸（国内业务）"的说法，虽是同行调侃，但与交行的"鲶鱼"效应不无关系，并由此带来了金融市场的勃勃生机与竞争活力。

　　如果说"一体两翼"助力交行起步起飞，而后的"一办"则让交行"如虎添翼"。当时交通银行实行多级法人体制，总行为总管理处，各地分行是在总管理处统一管理下的以地方财政为主要股东的独立法人银行，常州交行的 3 400 万元资本金主要由地方财政出资。中国五矿[8] 提出他们可以出资 1 000 万元，但必须另外成立一家法人机构，于是合作成立了交通银行常州分行第一办事处，简称"一办"。与交行合作成立"一办"的实际是五矿的财务公司，"一办"主任由五矿总公司财务处长兼任，负责日常工作的副主任和资金负责人也由五矿派员长期担任。当时的背景下，相当于在常州有了"两个"交通银行。

　　30 年前 1 000 万元是一笔大钱，更关键的是，中国五矿掌管着全国五金矿产进出口业务，那时无论是钢材还是铜、锡、铝等有色金属都极其稀缺，需要大量进口，而进口渠道基本掌握在五矿手中。当时常州及苏南乡镇企业正值蓬勃发展，对物资、资金渴求，从苏州的吴江、常熟到镇江的丹阳都有乡镇企业到"一办"开户，意图靠拢五矿傍上大树。不仅如此，五矿在全国的省市分支公司也都来"一办"开户，既方便相互的资金清算，又利用"一办"作为五矿全国资金中心，申请贷款融通资金。

　　常州交行与五矿在这一特殊时期的合作联手，不仅给交行带来资金，还给交行带来了急需的客户和发展机遇，是常州交行冲出重围奔赴山海的又一大突破口。

　　1993 年，交通银行实行一级法人制度，取消多级法人体制，"一办"也由此淡出交行"序列"，原班底发展为现在的天宁支行。从 1997 年到 2005 年，交行又前后历经了大区管辖、总行垂管以及省辖分行的管理体制。尽管一路走来市场竞争激烈，机遇风险同在，但常州交行始终如一稳健前行，筑牢风险控制的"防火墙"，为可持续创新发展夯实基础。

　　而这种风控和稳健意识更多的是源于交行的"剥备"[9] 控制基因，在风投与风控间找到平衡点。重组后的交行期望在金融市场的多元化、服务方式的多元化上率先探索，同时更多的是在银行机制体制上加快与国际银行金融业的接轨，取长补短、"洋为中用"，更加鲜明地体现金融工具的本来属性，创造价值，服务社会。

新中国成立后，中国的银行体系借鉴苏联模式，按照"大一统"的体系，中国人民银行成为唯一的银行机构，具有中央银行和商业银行的双重职能，带着浓重的计划经济色彩。改革开放后才建立中央银行与"四大行"分离的"二元"银行体系，以及多元化、多层次的银行金融体系，以适应市场经济的需要。

1998 年亚洲金融危机后，改革与接轨、防范和规避风险被交行视作当务之急，加上"入世"的倒逼，从 1998 年到 2002 年，交行委托全球知名金融培训机构用 4 年的时间，按照商业银行零售业务、公司银行业务、资金部、后台支持划分四大板块，全面对标国际一流银行机构[10]在管理流程、客户关系、风险控制、坏账准备等方面的标准和规制，尤其是在信贷流程、客户价值和评估上，制定了兼有交行特质的管理制度和规范导则。例如，强化以客户群细分为导向的组织分工，聚焦产品、渠道和流程，信贷员改称客户经理；强化条线化垂直管理和风险控制，强化数据模型对风控的支撑刚性，后台风控只做减法不做加法；严禁或杜绝人际关系人为

图 15-2　交通银行大楼（摄于 2024 年）
来源：常州市城市建设档案馆

因素对放贷的影响和左右等等。交行早期的这些积极探索，不仅为交行核心竞争力的增强厚植了根基，而且对中国银行金融业的完善提升无疑是理性和主动的。

常州交行作为主要单位之一全程参与，受其浸淫和感染，直接受益得益，尽管在早期的学习和推进过程中有观念理念的强烈碰撞、有传统方式的格格不入、有利益格局的革新重组，但影响潜移默化，效应良性持久，实力和竞争力不断增强。多年来常州交行业务与效益连年倍增，但"不出大事不闯祸"，不仅资产结构优良，不良率始终控制在极低水平，还获得了一系列银行金融界的殊荣，为地方经济和社会发展的贡献有目共睹。

2012 年，常州交行迁入位于通江路与飞龙路交会处的新楼，从艰难起步到发展壮大成为与国有"四大行"齐名的、充满活力的多元化股份制银行，迁入新楼不仅是形象的体现，更是实力地位的象征。

位于延陵路的老楼，于 2009 年和 2013 年分别对一层大厅和二层业务部有过两次局部改造，于 2022 年对外立面进行了全面更新，"归来依然是少年"，再现了大楼的现代活力（图 15-2）。

交行老楼现在为延陵支行所在地，但每逢周末全行员工的会议或培训仍在 8 层的大会议室举行，不是新楼不具备条件，而是为了减少空调能源的消耗，降低碳排放和成本支出。仅此，足以体现交行的价值理念和社会责任。

本章注解

1　银行，英语"Bank"一词由意大利语"Banca"演变而来，原意是交易时用的长凳、椅子，萌芽状态的银行家被称为"坐长板凳的人"。

2　中国通商银行，简称通商银行，系督办全国铁路事务大臣盛宣怀奏准清廷后，于清光绪二十三年（1897）在上海成立，是中国人自办的第一家银行，也是上海最早开设的华资银行。

3　上海商业储蓄银行，1915 年在上海创立，总经理陈光甫，当年就在常州设立代理处，这是民国时期外地银行在常州设立的第一家银行。

4　武进商业银行，1934年由刘国钧、吴镜渊等发起成立，这是民国时期常州最大的本地商办银行，抗战爆发后迁往上海，1947年在常州复业。

5　四大行，中国工商银行、中国银行、中国建设银行、中国农业银行。

6　太平洋保险公司，全称为中国太平洋保险公司，1991年成立，总部设在上海。2001年成立中国太平洋保险（集团）股份有限公司，并控股设立中国太平洋财产保险股份有限公司和中国太平洋人寿保险股份有限公司。

7　海通证券公司，成立于1988年，总部在上海，是国内成立最早、综合实力最强的证券公司之一，1994年改制为有限责任公司，并发展成全国性的证券公司，2001年公司整体改制为股份有限公司。

8　中国五矿，全称为中国五矿集团有限公司，前身为1950年成立的、原外经贸部下属的中国五金矿产进出口总公司，总部位于北京，是以金属、矿产品开发、生产、贸易和综合服务为主，兼营金融、房地产和物流的大型国际化企业集团。

9　剥备，坏账剥离和坏账准备金。

10　2004年交通银行引进英国汇丰银行（HSBC），其占股19.9%，成为仅次于财政部的第二大股东。

蝶球大厦

建于 1988 年的蝶球大厦位于延陵东路朝阳桥与白家桥中段、大运河的北侧，这是当年常州东部区域除发电厂以外最高的建筑。

说起这幢建筑，还得从广益布厂、大成二厂、东风印染厂以及蝶球集团说起。

民国之初的 1918 年，实业家刘国钧先生[1]创立了广益布厂，厂址设在离大运河不远、水陆交通方便的新坊桥南椿桂坊[2]35 号，因为经营有方，广益布厂获利颇丰，有了积累。为了扩大生产规模，1923 年，刘国钧又在东门外白家桥西首的镇西街（今延陵中路 268 号）创办了广益染织二厂。前后 10 年间，苦心经营，加上染、织设备的不断更新，产品品种的持续增多，广益二厂机声隆隆，生意兴隆。

1930 年，刘国钧与其他合伙人创建了规模较大的大成纺织染公司，此后他东渡日本学习纺织技术与管理，志存高远，谋划宏图。1932 年他全部接管大成纺织染公司，并更名为大成纺织染股份有限公司。同年 1 月，广益染织二厂被纳入大成旗下，更名为"大成纺织染股份有限公司二厂"，简称"大成二厂"，以染色、整理为主，兼营织造。二厂与先后成立的一厂、三厂，构建了"大成版图"[3]。在"敬业、乐群"的大成精神引领下，虽历经战乱颠簸，但刘国钧掌舵领航，数次力挽狂澜，大成公司化险为夷，励精图治，产销两旺，繁荣兴旺，成为常州纺织工业的先驱和脊梁，直到 1954 年实行公私合营。

1966 年大成二厂改名为东风印染厂（以下简称东印厂）。尽管在"文革"中，工厂受到冲击，但仍然保持正常生产。1973 年纺织工业部在常州召开全国纺织工业"抓革命、促生产"现场交流会，介绍常州经验，促进全国纺织工业恢复生产。

也就在这一年 3 月，在国棉三厂的通力合作下，东印厂试制涤棉印染布[4]成功并投入批量生产，全国领先，意义非凡。人口大国的中国曾长期凭票计划供应"衣食住行"，棉布也不例外，凭布票购买的衣料远远不能满足日常生活所需。"新三年旧三年、缝缝补补又三年"不仅仅是传统的节约美德，也是那个年代穿衣布料短缺的无奈选择。涤棉织物具有耐洗耐磨耐穿耐用和快干的特点，花色品种远多于纯棉织物，还不用布票，尽管价格高于纯棉花布，但市场试销时被抢购一空，受到百姓的欢迎和喜爱。

适销对路就是商机。但原有的印染设备只适应于纯棉织物，于是工厂开始了生产设备和技术的更新改造。也就在当年，仅用 84 天建成了 6 000 平方米的化纤印染布生产车间，安装设备 160 台，具备了日产 40 000 米化纤布的生产能力。此后又持续进行技术和设备更新，直到 1978 年底，工厂年生产能力达 1.28 亿米，其中化纤布年生产能力到达 4 000 万米，利润近 3 000 万元，品种、色别、图案、工艺全线蝶变升级[5]，花色品种达 400 余个。化纤布生产的发展，为传统印染生产注入了新动力，为工厂的发展奠定了坚实的基础，1979 年东印厂被纺织工业部命名为"大庆式企业"[6]。

时光转到了 80 年代初，计划内供应的坯布、染化料等原材料大幅度削减，原由纺站统购包销的产品逐渐改为靠自销，供与销两端决堤，同时，乡镇工业崛起发力，"船小好调头"，乡镇企业、中小印染企业与国营企业抢原料争市场，而且迎合市场消费的能力更强，机制体制更灵活，东印厂与其他国营企业一样"背负辎重"，面临竞争和挑战，还手无力，陷入困境。

政府对身陷困境、身负就业和税收两大重任的国企"主力军"没有袖手旁观。1984 年和 1985 年两次出台政策文件[7]为国企"松绑""摆渡"，两个文件的主旨是推动国企改革，给工业企业在生产经营、产品销售、产品价格、物资选购和资金使用上更大的自主经营权，实行厂长负责制。

有了"尚方宝剑"，出路关键还在企业自身改革上。第一个改就是打破"铁饭碗"，调动人的潜能，大幅削减行政后勤人员，增加一线生产力量，按劳计酬、联产计酬、连利计酬、承包经营。接下来就是技改开发新品，产品跟着市场走，"棉"改"涤"、"色"改"花"、"狭"改"阔"，最大限度地满足百姓群众求美求新求变的需求。前后三年，东印厂完成重大技改 20 余项，增加机台 18 台套，改变了产品结构，增强了市场竞争力，提高了工厂效益。剩下的痛点就在外部市场，打通供和销的堵点。

为了突破棉花"禁运"、原材料"封锁"[8]，建立稳固的坯布供应基地[9]，1985 年 3 月，东印厂率先跨出了地域限制，借助纺织工业部的名义与盐城纺织厂、郑州国棉六厂组成跨地区经济联合体，定名为中国蝶球纺织印染联合公司（以下简称蝶球集团）[10]，制定了章程，设计了司徽，为当时全国第一家跨地区的企业经济联合体。

按照现在的模式，联合体就是产业链。在当时的背景下，上下游企业组建联合体的最大优势就在于调剂余缺抱团取暖，分工协作互惠发展。不到三年，联合体又先后吸收了衡阳等地纺织企业加盟，成员扩大到针织厂、服装厂，跨 4 省 9 市，企业总数超过 20 家。联合体对东印厂最现实的好处就是"有米下锅"，有了坯布新来源，仅 1987 年联合体内上游企业为东印厂提供坯布 5 000 万米之多，占全年生产总量的 50% 以上。

在内强改革外抢联合的双轮驱动下，东印厂如虎添翼，生产原料有了保障，产值和效益双双大幅提升，各项主要经济技术指标创全国同行业先进水平，《人民日报》连续三次在头版头条报道工厂改革和发展的事迹。1988 年 4 月，东印厂获国家企业管理奔马奖，成为全国十佳企业。也就在这年的 11 月，结合老厂改造，象征东印厂实力和地位的"蝶球大厦"耸立在大运河边，在当年地广车稀的城东地区，过往行人无不叹为观止（图 16-1）。

大厦 13 层、高 45 米，建筑面积 13 770 平方米。由东南大学建筑设计院设计，浙江杭州建筑公司承建，总投资 980 万元，使用钢材 1 100 吨。为缩短工期，按照施工方案，基础工程不用水泥桩，而采用灌注桩，省去浇筑水泥桩、打桩等工序，可节省三个月时间。这种方案当时在浙江有成熟的施工案例，但常州首次采用这种施工方案建造高层，心里没底。市建委及质监部门为了取得施工经验，对灌注桩进行了压力测试，即灌注完成后，在桩顶负荷 30 吨的水泥承重一个星期，测试桩基下降情况，结果合格。

建成后的大厦 1—2 层局部为生产车间，9—10 层为花样设计室，顶层为集团办公用房，其余为招待所等生活设施，并有经营产品的商场、产品的展览大厅等，既是工厂的生产经营大楼，也是蝶球集团"总部经济"的标志性大楼。

进入 90 年代中后期，市场环境发生了巨变。东印厂与所有国企一样面临着又一次的"挤兑"，显然，这与十年前的 80 年代的"短缺"挑战迥然不同，这是一次"洗牌"。

直到 2001 年，华源集团[11]收购了东印厂，但华源并没有让东印厂起死回生、"财源滚滚"，不到两年，即 2003 年东印厂进入破产程序。

图 16-1 建成之初的蝶球大厦
来源：《常州城市建设志》，中国建筑工业出版社，1993 年

　　蝶球大厦，1995 年功能更新改名为蝶球宾馆。随着工厂的破产，2003 年蝶球大厦由抵押银行拍卖给了一家本地的私人老板。

　　2005 年，易主后的蝶球大厦招租挂上了"天宁大饭店"的招牌，集餐饮、娱乐和住宿于一体。天宁大饭店对原大厦投入巨资改造，在楼顶部加盖了类似"白宫"的圆顶，在朝南的底层外立面加装了高度超过 10 余米的罗马立柱，外墙被饰以深驼色（图 16-2）。入夜，在灯光的映射下大楼雍容华贵气度不凡，成为运河沿线一景。但好景不长，2021 年天宁大饭店被"开元名庭酒店"取代，继续宾馆酒店业的经营。

图 16-2　蝶球大厦（摄于 2024 年）
来源：常州市建设摄影协会

本章注解

1　刘国钧（1887—1978），江苏靖江人，名金生，字国钧，号丽川。15岁到武进做学徒，后创办大成纺织印染公司，是我国杰出的爱国实业家、一代纺织巨匠。先后当选为全国人大第一至五届人民代表、全国政协第五届委员、江苏省副省长、江苏省工商联主委、民建江苏省委主委、中华全国工商联合会副主任委员等职。

2　椿桂坊，位于新坊桥东，元丰桥西。北宋崇宁二年（1103）居住在此的张彦直及其子张守，父子同榜，6年后，张宰、张宜、张宇三兄弟又同科中进士，父子5人金榜题名，乡里甚感荣耀，常州太守徐坤在此建坊旌表，取灵椿丹桂之意命名椿桂坊，历代相沿。

3　大成纺织染公司，1930年由刘国钧与合伙人共同创立，1932年刘国钧全面接管，并更名为大成纺织染股份有限公司。原大成纺织染公司改为大成一厂，广益染织二厂改为大成二厂，1936年夏又在东门外白家桥创建大成三厂。"文革"期间，大成一、二、三厂分别更名为常州第一棉纺织厂、东风印染厂和常州第三棉纺织厂。

4　涤棉，是指涤纶与棉的混纺织物的统称，采用65%—67%涤纶和33%—35%的棉花混纱线织成的纺织品，俗称"的确良"，是制作衣物的常见材料。

5　蝶变升级，指品种从平纹织物到提花杂色、提花印花、树脂整理等，色别从浅色到深色，图案从云纹到点线色块，花筒雕刻从手工到电子、照相仿钢芯，工艺从直接印花到半防、全防印花。

6　"工业学大庆"是1964年党中央对全国工业战线提出的口号。中央开展"工业学大庆"运动，主要是要求学习大庆自力更生、艰苦奋斗的精神，以推动全国工矿企业和社会主义建设向前发展。

7　两个文件，1984年5月，国务院颁发《关于进一步扩大国营工业企业自主权的暂行规定》，1984年12月，中央作出《关于经济体制改革的决定》。

8　棉花"禁运"、原材料"封锁"，80年代全国市场大流通还没有形成，当时地域观念强烈，有的地方政府为了局部利益，依靠原材料资源和品牌优势，阻止当地企业与域外企业互通有无，棉花产地甚至在交通要道设立关卡，禁止棉花外运，给市场流通和企业经营带来阻力。

9　稳固的坯布供应基地，计划经济时代，由国家统一调拨坯布原料，改革开放后，企业增产扩能，计划对口供应的坯布不足生产能力的50%，要靠企业自行通过市场方式采购。

10　蝶球，刘国钧先生创办大成一厂、二厂都使用过的注册商标，希望大成公司像蝴蝶一样飞舞在日夜旋转的地球上，并借助谐音"无敌"（当地话音）成为无敌于天下的世界品牌。

11　华源集团，即中国华源集团有限公司，经国务院批准，1992年7月在上海浦东新区成立，是国有控股有限责任公司，2007年重组并入华润（集团）有限公司。

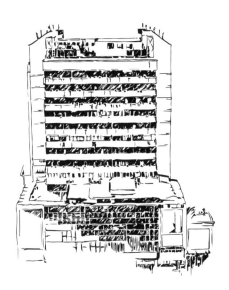

飞月大厦

飞月大厦，全称飞月纺工大厦，位于和平南路，16 层，63.6 米高，建筑面积 15 927 平方米，1986 年 2 月 18 日动工，1988 年 12 月 31 日竣工，由常州第二建筑工程公司承建施工，是 80 年代和平路段最早也是最高的建筑（图 17-1）。

80 年代中期，正值常州纺织工业步入鼎盛辉煌的时期，月夜灯芯绒、水月卡其布、蝶球涤棉印花布、仙女牌丝绸等，全国闻名。但开放的涌动、改革的潮起，让活力四射的乡镇企业、个私企业咄咄逼人，他们奋起与国企名企争原料抢市场，使国有企业危机四伏，竞争优势不断丧失。而消费端是百姓对美和时尚追求的与日俱增，他们不再满足过去长期穿衣戴帽的"黑白蓝灰"；他们期待服装服饰给生活带来的动感美、飘逸美。但长期以来纺工做着最好的面料，却沦为服装成衣"陪衬"；长年提供最优的货源，在产业分工中，成纺"供"而始终处在产业链价值链的低端。在竞争压力和百姓求美的双重驱使下，有着技术和人才家底的老纺工敏锐地感到，保持行业产业优势必须在产业链延伸上拓展新的发展空间。

所谓产业延伸，就是要用自己的好面料做好自己的服装，用前端优质面料做终端服装产品，这是开面料与服装融合之先河，这是跳出纺织染传统领域的跨界蜕变之举。

图 17-1　建成之初的飞月大厦
来源：瞿晓凤

　　行动开始于 1984 年，当时曾以"常州纺织产品开发研究所"的名义，规划建设名为"常州纺织产品开发中心"的大楼。此后不久，按照"纺织服装一体化、产销一体化"的改革调整路径，纺工局整合和重组全系统人财物资源成立了"江苏飞月纺织服装公司"，以全新的姿态迎接市场挑战。为了给新公司开发新品创造条件并体现实力形象，毅然将新大楼命名为"飞月大厦"。

　　飞月大厦其实就是一栋工业大楼。在最初的项目批复中包括 4 000 平方米的化纤针织实验工厂和 3 200 平方米的工业用房。建成后的大楼尽管没有安装重型机械设备，但又不同于一般的写字楼。大厦投运之初，1—3 层为以纺织服装为主的综合商场，4 层是时装秀场，5—6 层是纺工局所属的纺织原料公司和阳光实业公司，7—8 层为中日合资丰田服装公司，9 层是行政中心，10—12 层是飞月服装生产车间，13—14 层是面料及服装开发研究所（图 17-2）。

　　大厦最初的设计单位是纺织工业部设计院，后调整为机械工业部设计研究总院。最早选址为和平南路与劳动中路原二纺机铸工车间地块，后因德安桥（今同

图 17-2 施工中的飞月大厦
来源：常州第二建筑公司档案室

济桥）改扩建，桥坡影响转角地块不宜建高层建筑，为此，将地址改为和平南路、昇仙弄[1]以南地块，拆迁了割绒厂和纺机厂一个车间，以及三近里周边46户民房，既盘活空间节约用地，又与城市建设相结合。

　　昇仙弄、三近里[2]及南城脚一带，过去曾是居民密集居住地。民国初年开始陆续有一些织布作坊和纺织小厂，并线厂、割绒厂等都是在这些手工小作坊的基础上逐步发展起来的。也正因为这里民居和工厂混杂，所以有更多的汲水取水需求，因此在大楼的基础施工中遇到了呈散点式分布的古井孔，为确保高楼桩基坚实并符合工业大楼的承载要求，最后还以12.7米的长桩替代原设计的10米桩。

　　让飞月大厦竣工开业就火爆的是设在1—3层的飞月商场，因为当时周边商圈还没有综合性的百货商场。飞月商场除了地产纺织面料、地产服装畅销外，大小百货、钟表、化妆品、副食品也是顾客热衷争购的商品，加上新建的商场里有常州最早的自动扶梯，男女老少图新鲜逛新奇，摩肩接踵，其乐融融，"飞月"一时成为市民百姓口口相传的热词。

　　而飞月公司在新建的大厦里也是铆足干劲开足马力。当时飞月公司的大当家是从国棉一厂调来的主帅，面对织布人能否做服装卖服装的质疑，喊出了"铁板底下也要长出苗"的豪言壮语，飞月公司第一年就承接了全省税务系统工作制服的订单，开创了职业装生产的先例。可惜的是职业装规模生产的优势没有得到持续，继而将目光投向了更加广阔的时装蓝海。

　　新品出来了，卖得好有市场才是王道。在时尚大潮的驱动下，时装模特表演作为全新的市场营销模式，在飞月大厦里闪亮登场。

　　模特，英文"Model"的音译，服装模特起源于19世纪的欧洲[3]。1914年，美国芝加哥举办了由100名模特展示250套各式新款服装的大型时装表演，成为当时世界上最伟大的时装表演。20世纪30年代时装模特进入中国，后因战争及社会变革未能兴起。时装模特再次引入中国，源于1979年时装大师皮尔·卡丹率法国模特在北京民族文化宫的一场时装表演。之后的1981年，中国人自己组织的时装秀在上海表演，开启了中国的模特时代。

　　从服装展厅到时装表演，从静态到动态，从模特衣架到俊男靓女，是蝶变更是飞跃。"飞月时装表演队"最初的名称叫"常州纺织服装表演队"，此后，纺织工业部点名常州代表江苏参加全国纺织服装模特比赛，时装队又被冠以"江苏飞月时装表演队"，与全国为数不多的北京、上海、深圳一线城市时装队同台竞技。

时装队的男女模特大都来自纺工系统生产一线，男模特身高 1.78 米起步、女模特身高 1.65 米达线，精挑细选、百里挑一，也就 15 个人左右，他们十分珍惜登台亮相展露芳华的机会。4 楼秀场当年其实还是红得发紫的飞月舞厅，因为这里每晚有穿插的模特时装秀，模特们表演结束后，还在舞厅做服务生。

模特的主业还是时装表演。时装队请来了市歌舞团的老师做教练，每天进行 5 个小时以上近乎苛刻的形体训练，尽管女模特每天穿着七八厘米的高跟鞋走台步，总程差不多从常州走到无锡的距离，尽管他们还是拿着原单位的工资收入，但模特们热情高涨，倾情投入。

功夫不负有心人。模特秀不仅让常州纺织服装声名远扬，飞月时装队也声名鹊起。进入 90 年代后，飞月模特精英们不仅在飞月大厦里一次次华丽绽放，还一次又一次在全国超级模特大赛、新丝路模特大赛中斩获荣誉奖杯。随着市场的放开和国企的改制，模特职业进入了"职业模特、按场计酬"的"商演"时代，国企难留霓裳羽衣，源于飞月、丰羽飞月的模特们飞去了四面八方。

无论如何，他们是中国模特行业最早的经历者和参与者，在模特纪年史上应该有他们这一段芳华记录。

飞月商场火爆了几年后在 1993 年被挣钱更多、效益更好的华泰证券公司和平路营业部[4] 取代。

华泰证券和平路营业部（以下简称华泰营业部）开业于 1993 年 2 月 28 日，是常州地区成立最早的证券营业部，有"龙城第一家"之誉。三十多年来华泰证券与众多券商一样历经了中国股市风云变幻起伏跌宕，但华泰营业部交易量、市场份额、客户数量始终位居常州各证券经营机构首位。时光荏苒，在飞月大厦里经营生意的企业和机构进进出出，唯有华泰营业部三十年始终在这里，没有变动过（图 17-3）。

股市的到来，赋予了人们另一种超常规博弈的可能，甚至一夜间实现人生命运的巨大转折不再是天方夜谭，整个 90 年代，也就是中国开启股市的最初十年里[5]，证券营业部就是股民们最初博弈的"战场"。

华泰营业部设在大厦的1—2层，一楼大厅是主场。和许多证券营业部一样，华泰一楼的超大屏长度足足超过了30米，大厅右侧是一个超过20个席位的委托交易柜台，为了让每一位股民看清红红绿绿的数字和行情K线图，大厅所有柱子的四面还悬挂着原始的"大肚子"电脑。1994年上市的常柴A股是常州市民最先热身的股票，每天开市就人山人海、人头攒动，手拿证券时报眼盯大屏的，边打毛衣、边择菜边看行情的，窃窃私语传播内部消息的各色人等，各显神通。5万元起步的中户室和10万元起步的大户室看似安静，但随着K线走势图的变动、龙头股的飘红以及大盘暴涨，大户室总是格外敏感率先启动，而大厅散户闻风而动，一拥而上委托交易，每当这个时候，柜台营业员眼前只有急切而晃动的单子，以及须臾不能停止的键盘，唯恐错过交易进账的末班车。

　　直到有了电话委托和网络交易后，大厅火爆的场面才有所"降温"，当然与股

市的"阴晴"不无关系，2007 年手机炒股 APP 登录后，股民有了更多的炒股便利和自由，远程交易完全可以满足股民的需求，来营业部办理的只是个别"非交易过户"业务，此后交易大厅门可罗雀，往日喧嚣不再出现。尽管如此，华泰证券红白黑相间的醒目标记至今依然镌刻在飞月大厦的主墙上。

尽管在时装设计和生产领域，飞月公司又是研究所，又是合资企业，还将设计师派往日本培训，但也许是市场变化莫测，也许是上海时装、大连时装以及浙江时装的影响力覆盖力实在强大，也许是机制体制上的障碍掣肘，几经拼搏，飞月公司在时装服装行业难立潮头，终难成器，小苗未成参天大树。

此后，随着国企的改革，飞月大厦陆续有新的业态进入并持有[6]，包括宾馆和娱乐业。但飞月的基因和荣光似乎还在，飞月宾馆、新飞月娱乐总汇等等，无不挂上"飞月"的头衔、傍着"飞月"曾经的荣耀，至少让曾经奋斗过的"飞月"人还留着一份念想。

本章注解

1　昇仙弄，位于新坊桥以南，南起民宅，北至椿桂坊，全长 240 米，弄宽 1.5—2.5 米，因弄内有昇仙观，故名。20 世纪 90 年代，因城市改造，此地拆除新建住宅，旧貌无存，巷名沿用至今。

2　三近里，地名，与南城脚相邻，1931 年，原大成一厂在此兴建工房，取论语"好学近乎知，力行近乎仁，知耻近乎勇"之意，至 2014 年底消失。

3　1845 年，法国高级女装经理人查理·沃思，成为世界上第一位使用真模特的人，女营业员玛丽·事尔娜成为世界上第一位真人模特。

4　华泰证券有限公司于 1991 年 5 月 26 日在南京正式开业，前身为江苏省证券公司。华泰证券是中国证监会首批批准的综合券商，是我国最早获得创新试点资格的券商之一，是江苏省政府国资委管理的大型企业。

5　1990 年 12 月 1 日和 12 月 19 日，深圳证券交易所和上海交易所分别开业。从 1991 年到 2000 年的 10 年中，沪深两地股票前 10 位的市值从 100 亿元增加到了 3 000 亿元；1991 年市值超过 30 亿元的公司数为零，2000 年市值超过 100 亿元的公司数为 56 家。

6 飞月大厦的 3 层、5 层和 6 层，现分别由国企常州纺织技术经济贸易公司和常州阳光实业公司持有。

水月大厦

位于关河中路的水月大厦（现益丰大厦），由原东方印染厂（原址位于今新天地小区）投资建造。

东方印染厂（以下简称东方厂）的前身是成立于 1944 年的益丰昌染厂。

常武地区历史上手工纺织业较发达，木架机作坊遍及湖塘桥一带城乡。近代以来随着大生产技术输入，出现了大成、民丰、大明及协源等一批纺织企业，日产坯布数量可观，为后道染整业提供了产品原料。抗战期间，上海处于日军统治下，日军成立了一个专门的纱布业管制机关，禁止所有纱布外运，随之而来的是常州市场上色布紧缺，益丰昌染厂正是在这样的市场机遇下应运而生。

邹克毅，益丰昌染厂创办人之一，当年在上海华丰纺织公司就职，因为上海纱布禁止外运，上海纺织企业纷纷倒闭或歇业，无奈，作为高级职员失业后的他，怀揣着黄金若干两回到常州，并与大明银行股东夏丰如、胡桐等人相识。夏、胡得知邹克毅在上海经营染厂多年，有丰富的实践经验和技术知识，而且与上海染厂、颜化料店等业界有一定的人脉关系和资金来源，遂游说邹克毅，动员他合资筹办染厂。在分析了产供销的基本条件后，他们决计在常州合伙开办染厂，取名为益丰昌染织股份有限公司。益丰昌的名号，源于股东夏氏按其已开办的"益丰盛布厂"的"益丰"。1944 年底，共筹集资金汪伪储备币 5 030 万元，每股定"储备票"100 元，共计 50.3 万股。购置了梅陇坝[1] 协源布厂闲置的铁染缸 4 只、卧式烘筒烘燥机 1 台，还购置了文在门[2] 武奔路已停业的原宝丰布厂部分厂房，同时在西瀛里开设了事务所，专事供销等经营业务。

开厂容易办厂难。当时为了将染缸和烘燥机从城南的梅陇坝运到城西的文在门，虽仅短短十余华里，但一路要经过日军盘查，唯有暗中贿赂方可通行。染化料采购也费周折，上海对物资外运严控，后来还是通过邹克毅的一个亲戚——在火车上工作的乘警，每次一桶 60 公斤，化整为零地带到常州，不仅数量少，质量也低劣，硫化染料因为结成了硬块，使用前要敲碎才能化料。为了使产品质量更有竞争力，益丰昌办厂之初就重视技术，股东和合伙人通过同学、亲戚四处寻觅染色方面的行家。由于一批行家的加盟，工厂产品质量能与老牌的九丰染厂（灯芯绒厂）、大成二厂（东风印染厂）抗衡和竞争。杨念祖，毕业于沪江大学（现上海理工大学）化工系，当时已在上海美利化工厂工作，系股东夏纯庵的侄女婿，在夏纯庵的鼓动下，由上海来到益丰昌从事技术工作，以后长期担任工厂技术厂长，还成为常州市政协副主席、民建主委。

1945 年 5 月 1 日，工厂开始正式生产，起初以代加工低档元色布起家，曾先后以"兰陵塔""五洲""高乐""双狗"为其商标，至年底即获利丰厚。抗战胜利后工厂兴盛一时，加上北门青山桥一带除了木行兴盛外，还是江阴元色布的交易集散地，货源充裕。于是股东会又决计在北门外罗浮坝[3] 原久和布厂旧址，以相当于每月 28 石机米的租金租得厂房 2 925 平方米开设分厂。由于两厂重视质量，不久声誉鹊起，产销两旺，形成日产色布约 2 000 匹的产能，俨然进入新中国成立前益丰昌的"黄金时代"。但好景不长，内战后不久，市场不畅、物价飞涨，加上部分股东热衷于煤炭、染料等贸易投机，不仅抽挪资金，还造成生意亏空，更是荒了主业。1948 年 2 月，罗浮坝分厂关闭，文在门厂也时开时停，产能只有鼎盛时期的 1/5，拖欠工人工资近 2 个月，临近新中国成立前夕，益丰昌如风中残烛奄奄一息。

幸运的是，1949 年 4 月在解放常州的战斗中，工厂没有遭到毁坏。在党的政策感召下，资方消除了疑虑，重整旗鼓。在解放上海的战火尚未停息的 5 月 17 日，邹克毅便携带黄金 23 两、银元若干前往上海采购染化料，加上政府放宽贷款政策为企业重振发展注入了新鲜血液，工厂得以迅速恢复生产及产能，不久就达到日产 1 000 匹的能力。1952 年 2 月，文在门厂和罗浮坝分厂两厂合并，合并后的厂址定在罗浮坝分厂原址。1955 年 12 月，在社会主义改造的浪潮中，工厂转为公私合营，厂名不变。1957 年起，在上海永新雨衣厂日籍工程师黄吉庆及大成二厂的协助下，益丰昌研制防缩卡其并试车成功，1958 年 1 月接受卡其出口订单，在莱比锡国际博览会上声誉斐然。又经过近十年的产品开发研制、改进提高，以"水月"为商标的 20×20 杂色卡其，在 1966 年上海春季服装交易会上大放异彩，为国内外客商青睐。

1966 年，益丰昌染厂更名为东方红染厂。

80 年代初期，通过引进日本成套涤棉染整设备，工厂不仅能生产全棉染色纱卡，还能生产全棉半线卡和全棉染色全线卡以及涤棉卡其。1985 年，工厂出口超额达 4 000 万美元，人均近 3 万美元，是江苏纺织品出口最多的企业，受到省政府褒奖，也就在这一年厂名改为东方染厂。

在市场竞争蓬勃兴起的 80 年代，机遇稍纵即逝，比拼不进则退。1988 年工厂除了加大技术改造外，为进一步扩大生产规模和能力，还以产品为龙头，上下游产品为纽带组建生产联合体性质的水月集团[4]，形成纺工系统专业生产的"四条龙"[5] 之一，优化资源配置，整合产业链供应链，最大限度地提高产业效能和效益。

90 年代初，面对市场竞争和消费需求，工厂引进圆网印花机械，新增了印花卡其，这又是一次新飞跃，且能生产 30 码（1 码 =0.914 4 米）定长包装，品种系列全且丰富。如此，工厂拥有了年产各类卡其 1 亿米的生产能力，达到历史峰值，"水月牌"纱卡其、"狮王牌"涤棉混纺卡其均获国家银质奖章。直到 90 年代中期，"水月"商标在国内外市场享有盛誉，东方染厂被冠以"卡其专厂"之名，被外商誉为"东方卡其王"。

1988 年 3 月 28 日，以"水月"冠名的生活综合大厦在工厂正对面的关河中路开工建设，大厦竣工于 1989 年 8 月，8 层、高 31.6 米，建筑面积 5 668 平方米，现浇框架结构，由常州建筑设计院设计，常州第二建筑公司承接施工（图 18-1）。

建造水月大厦的最初动因是改善宿舍、医务室等生活后勤条件。工厂马路对面的原址是一片低矮的平房，这里是工厂的集体宿舍。印染行业是劳动密集型企业，女工比例高，随着企业的发展，一方面要吸纳更多有技能的工人，另一方面改善职工住宿条件的需求也是迫在眉睫，包括医务室保障条件的更新提升。建成后的大厦外墙饰有面砖、混色玻璃马赛克，朴素稳重但又不失温和精致。大厦 1—2 层为水月商场，用来展示工厂系列产品、销售成衣服装等，3 层为医务室，4—6 层为男女宿舍，7—8 层为小型宾馆。

颓势和危机往往在不经意间悄然逼近。进入 90 年代中后期，与不少国企一样，东方厂在经营和发展过程中，饱受内外困扰，"大锅饭"效率低、冗员多负担重、上缴多投入少，加上中小民营企业快速崛起对国企构成的强有力的产品和市场竞争，东方厂无计可施还手无力，直到"拨改贷"政策的调整，成为压垮企业的最后一根稻草。

1998 年 5 月，东方厂无奈进入破产程序，1998 年 12 月，大厦挂牌上市交易，经市产权交易所鉴证，当时的戚墅堰城市建设综合开发公司与郑陆一地板商成为大

图 18-1 90 年代的水月大厦
来源：许欢平

厦新的持有者。

　　此前的 1994 年，水月大厦更名为益丰大厦（图 18-2）。易主后的益丰大厦经装修改造后，整体作为物业租赁。一楼大厅曾经作为浩源摩托车销售中心，展厅里时尚前卫的各款摩托车为路人所羡慕，专营摩托车商情的通力达信息传播公司也曾在这里挂牌营业，这里一时成为摩托车交易市场。

　　时过境迁，大浪淘沙。多年来一批批商户经营户在这里进进出出，与市场博弈，为财富奔波。

图 18-2　益丰大厦（摄于 2024 年）
来源：常州市建设摄影协会

本章注解

1 梅陇坝，在常州南郊，今天宁区富盛二路、富盛一路、富强南路和常化支路。

2 文在门，1930年为贯通怀德北路与市内道路，在文在桥西城墙辟建此门。文在门内有常州府学孔庙，文在门取学府牌坊中文天祥句"斯文在兹"中的二字。文在桥建于1918年，位于今西横街西端。

3 罗浮坝，今北塘河以东青山湾绿地与新天地住宅区。

4 水月集团，即以终端东方染厂为主体，联合生产纱线的国棉二厂、生产坯布的棉织一厂和丹阳棉纺厂，组建的松散性生产联合体。

5 "四条龙"，即以灯芯绒厂、国棉一厂和割绒厂为主的灯芯绒生产"一条龙"，以东风印染厂、国棉三厂和国棉四厂为主的花布生产"一条龙"，以东方染厂、国棉二厂为主的卡其布生产"一条龙"，以丝绸印染厂、锦华绸厂和合纤厂为主的丝绸化纤生产"一条龙"。

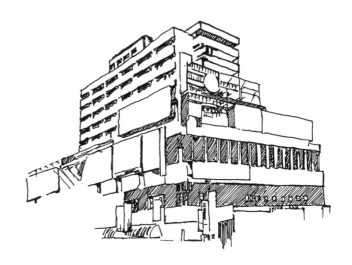

宏达大厦

　　宏达大厦（宏达大酒店）位于市区新丰街北端（现和平北路），与铁路常州站隔关河相望。大厦 14 层、高 49.5 米，建筑面积 13 091 平方米，1986 年 12 月 26 日开工建设，1988 年 12 月底竣工，工程造价 590 万元，由常州建筑设计院设计，常州第二建筑工程公司承接施工（图 19-1）。

　　大厦由中国人民保险公司上海分公司、常州分公司（以下简称人保公司）与常州市饮食服务公司（以下简称饮服公司）共同投资建设，这也是饮服公司继 80 年代建兰陵大厦后又一重量级的商业服务项目。

　　80 年代中后期，由人保公司与饮服公司联袂投资建造酒店，既是"混搭"，也是强强联手。人保公司成立于新中国成立初期，但真正大发展起步是在改革开放后的 80 年代。快速发展后的人保公司有了积累，"沉淀"的资金需要有保值增值的投向，1987 年，位于文化宫附近的中联大厦[1] 就是由人保公司与供销社共同投资建造的商业大厦。而饮服公司是计划经济时代旅馆饭店等服务性行业的主管，一个"有钱"、一个"有店"，"好马配好鞍"，联手建楼合情合理，而选择在新丰街建设酒店大厦，似乎也在情理之中。

　　新丰街[2]，北起关河新丰桥、南至椿庭桥，是当年通往火车站的主要道路。这

图 19-1 施工中的宏达大厦
来源：常州第二建筑公司档案室

条街不仅最北端有火车站，中间段还有长途汽车站[3]，在火车站西侧仅百米之远是武进县政府所在地，所以在相当长时期，新丰街是当年常州仅次于南大街和文化宫的繁忙商旅街区，每天南来北往多达上万人次，沿街两边店铺林立，饭店、旅馆、百货店、邮局、银行、药房、浴室等，林林总总、一应俱全，号称常州的小北门。1978年新丰街实施了道路和临街同步改扩建，这是常州市区第一条道路拓宽与临街改建相结合的大街，第四百货商店及益民副食品商店等一批规模较大的日用百货、副食品商店是这里的形象代表。有人流就有商机，有人气就会有市场，人保和饮服公司对此信心满满，期待生意兴隆，酒店兴旺。

常州的饮食服务业历史悠久，唐宋年间就有记载，清末民初已初具规模，以酒菜饭馆、包饭作[4]、熟面、面饼、馒头等5个自然行业为主的饮食业在西门（怀德桥）、东门（水门桥）、北门（青山桥）、南门（弋桥）、城中（县巷、县直街）形成5个食市。绿杨饭店[5]、长兴楼菜馆[6]、德泰恒菜馆[7]、迎桂馒头店[8]、兴隆园菜馆[9]等老字号问世最早、存续时间最长。民以食为天，在漫长的岁月里，常州餐饮业历经民国时期炮火侵扰，大小餐馆几经沉浮、生意清淡，新中国成立后又经过公私合营经济实惠面向大众[10]、"十年浩劫"时"千店一式、千菜一味"等不同阶

图19-2　90年代的宏达大厦
来源：蒋钰祥摄

段。改革开放后，常州餐饮以本帮菜、扬帮菜和回民菜为传统底色，兼收并蓄推陈出新，吸收了包括粤菜、川菜、鲁菜等菜系的优良精华，在一批大师、技师、点心师的加持下，无论是甲乙丙丁四级 [11] 不同规模水平的餐馆，还是传统特色点心小吃铺，都有一批响当当的饭店字号。常州餐饮不仅享誉沪宁沿线，还走向首都、走向北非、南美和欧洲。

在长期的计划经济时代，饮食服务公司作为主渠道，餐馆旅馆都是大众化的国营店，浴室、理发、照相、洗染等服务行业也维持较低水平，仅提供百姓生活需要的最基本的保障。80 年代后期开始，作为竞争性行业的餐饮和旅馆等服务业，市场化程度越来越高，前有"宾馆"的示范引导，后有社会饭店的加盟倒逼，国有餐饮因设施简陋、服务生硬、准点打烊，其一家独大的局面面临严峻挑战，提档升级成为当务之急，而把规范化、"宾馆化"作为新建宏达的定位，是宏达的初衷，也是宏达追求目标的具体化。

大厦建成后，2 层以上为客房，共设标准客房 200 间，每一层设有套房 2 间，除了接待南来北往的旅客外，也具备接待中小型会议的能力。一层大厅除前台接待外，还有近 800 平方米的商业商务中心，一层北临关河还有近 500 平方米的餐饮长廊，以常州小吃为主，设早中晚三市，同样在二层临河方向设有 5 个包厢的中餐厅，主打常州菜、淮扬菜。开业之初，大厦就按照"宾馆化"的标准，排兵布阵，定岗定责，开始各项规范化的服务，力求改变国有饮食服务行业的传统形象（图 19-2）。

"宾馆化"首先从名称开始，大厦从项目立项到建设施工一直以"宏达大酒家"为名称，开业不久后便冠以更洋气的"宏达大酒店"，一字之差，似天壤之别。酒店客房硬件与先前兰陵大厦的普通大众化迥然不同，按照当时三星级宾馆标准配备，具有独立洗卫、闭路电视、程控电话、法式家具等。服务员的服饰装扮一改过去饮服行业从厨师到堂口服务员一律"素白"的形象，从大堂经理到前台接待，都着西装或礼服；楼层服务员和餐厅服务员，按照春夏秋冬不同季节不同款式量体着装，还要求女服务员适度化妆，体现服务的温度和对客人的尊重。"后台听前台"，围着客人转，后厨听从前厅经理的指令，客房服从客服中心的调遣，顾客是上帝，要求宾馆所有员工主动迎上去、近距离，闻风而动、召之即来，在客房体验、用餐感受和迎来送往等方面不留缺憾遗憾，从每项服务每个细节中体现热情周到和宾至如归。

不得不说，在开业的头几年，作为新丰街建筑最高、规模体量最大的商业大厦，宏达顾客盈门红红火火，鹤立鸡群名噪一时。每当入夜，宏达大酒店招牌的霓虹灯分外耀眼，无论是南来北往的旅客还是行色匆匆的路人，无不好奇一望，怦然心动。

但市场无情，竞争无问西东。早在 1982 年，武进宾馆[12] 就在紧邻县政府的西侧建成投运。1994 年与宏达隔街相望的武进大厦落成开业，尽管武进大厦是综合性商住楼，但客房和餐饮是其主体，在武进县政府南迁之前，武进宾馆和武进大厦除提供社会服务外，大部分客源来自武进。武进宾馆、武进大厦与宏达大厦三足鼎立，加上 500 米以内民航大厦、椿庭大楼宾馆、明都大饭店[13] 的加盟角逐，在方圆 1 平方千米区域内，有 6 家规模体量相当的宾馆酒店，提供几乎同质化的食宿服务，在为市场和消费者提供多种选择的同时，也不可避免地形成了白热化

图 19-3 宏达大厦（摄于 2024 年）
来源：常州市建设摄影协会

的竞争。

最初的战术无非广告战、价格战，后来就是公关战、关系战，大战背后或两败俱伤，或强者为王，挺不住的就只能淘汰出局。90 年代末期，经济型连锁酒店开始问世，对宏达这样以过路客、商旅客为目标定位的酒店更是一种挑战和挤压。进入 2000 年后，市场活跃度不断增强，饮服行业人才开始流失，国企"手中无米"、应对无策、内外交困、颓势深重，也就短短 10 多年光景，宏达从红火最终走向衰落。

2001 年宏达改制，江苏仙鹤食品酿造有限公司（以下简称仙鹤公司）[14] 整体接收宏达大厦资产，2006 年因原仙鹤公司掌门人病故，仙鹤公司由本地一民营企业获得所有权，宏达大厦也随之被一并持有。

随着火车站和长途汽车站迁移竹林路新址，新丰街作为"门户"和交通要道的地位功能已大大削弱，街市已不如往日的繁忙和热闹。宏达大厦还在，以租赁方式引入的假日酒店在大厦的局部楼层营业，原先的底层大堂被分割成多个商铺，不紧不慢地在经营各自的生意（图 19-3）。

日月轮回，天地常新。2022 年底，包括商业综合体在内的、面积超过 65 万平方米的南广场小区，以现代都市新形象出现在新丰街片区。

期待新丰街再现生机活力，期待给宏达大厦带来新的机遇。

本章注解

1　中联大厦，1987 年 5 月竣工交付使用，2017 年 4 月拆除，当年曾边施工边营业，在大楼尚未竣工交付前，1—3 层商场已先期营业，有常州曾经的"第一豪楼"之称。

2　新丰街，此地旧属武进丰西乡，1929 年武进划乡建镇，在火车站到和政门（今中山门）之间（包括铁路北一部分农村）新增新丰镇，新丰镇公所位于椿庭桥堍，街以镇得名，始称新丰街（又称新丰路）。新丰街全长 433 米，1905 年修筑沪宁铁路和常州站时，为方便旅客进出在站前关河上搭一便桥（新丰桥），桥成路就（土路）。民国时期曾历经 1935 年、1939 年两次整修。1963 年夏由弹石

　　路面作沥青表面处理，1978 年由路宽 14 米拓宽为 36 米宽的快慢车道分行的三块板道路。

3　常州长途汽车站，建于 1930 年，1954 年改为地方国营，1978 年翻建竣工。2010 年作为常州客运中心的一部分，长途汽车站迁址竹林西路，与沪宁城际铁路常州站毗邻。

4　包饭作，包饭作坊的简称，就是包下客人一日三餐的作坊，20 世纪三四十年代在江南一带流行。

5　绿杨饭店，创建于清光绪三十一年（1905），原址在东大街，后迁址青云坊，是常州唯一一家具有淮扬风味特色的菜馆，最早由扬州大师傅俞小和来常开设，特色菜肴有琥珀莲子、清蒸翡翠狮子头、虾仁豆腐、网油卷等。

6　长兴楼菜馆，创建于清光绪年间，原址在双桂坊，是常州唯一的清真菜馆，制作的烤鸭被列入常州名菜，看家菜有五香牛肉、冰冻糟鸭、清炒牛肉丝等。

7　德泰恒菜馆，创建于清宣统二年（1910），原址在县直街，民国时久负盛名，1968 年更名为红旗路饭店，1978 年恢复德泰恒菜馆名，传统名菜有红烧甩水、香糟扣肉、八宝鸭等。

8　迎桂馒头店，创建于清宣统三年（1911），原址在西瀛里口，原为迎桂茶店，带做点心，后来专做小笼馒头，遂改名迎桂馒头店，尤其是加蟹小笼包经过几代名师的精心制作，名闻遐迩，深受顾客的青睐。

9　兴隆园菜馆，创建于 1915 年，原址在双桂坊，1968 年曾改名为反修路饭店，1978 年恢复兴隆园菜馆名，经营特色以江南风味为主，名菜有糟扣肉、香酥肥鸭、汽锅凤爪、银芽鸡丝、五柳鱼丝、八宝雪糯等。

10　经济实惠面向大众，新中国成立初期为适应劳动人民需要，饭菜馆筵席减少，以供应熟面、面饼、馒头等早晚点心为主。公私合营后，在服务上恢复"随意入座、上台开票、先吃后付"传统服务，还增设了"加底回烧，添汤热菜、热酒、一面二挑"等服务项目，方便顾客。

11　甲乙丙丁四级餐馆，1978 年后，按照"面向大众，分级划类经营，发扬优良传统特色，适应多种需要"的经营方针，饮服公司对 75 户饭店餐馆分甲乙丙丁 4 个等级经营，其中甲级店 11 户，乙级店 14 户，丙级店 40 户，丁级店 10 户。

12　武进宾馆，楼高 10 层，设有客房 212 间（套），是火车站地区建成最早、当年规模最大的宾馆，2006 年更名为常州粤海酒店，2018 年更名为锦海武进宾馆。

13　明都大饭店，1997 年开业，一度与金陵饭店合作，又称金陵明都大饭店，客房 236 间（套）。

14　江苏仙鹤食品酿造有限公司，即原位于西仓桥堍大仓弄内的常州酱品厂，创建于清同治年间，其前身为鸿祥裕腌制厂、震新酿造厂（1869 年）、常州饴糖厂等，1964 年底定名为常州酱品厂，是原国内贸易部命名的"中华老字号"企业，1988 年仙鹤牌酱油获中国食品博览会银奖。

金龙大酒店

金龙大酒店位于武进湖塘镇，1994 年 5 月 8 日开张营业。

金龙大酒店高 10 层，局部 12 层，建筑面积 8 626 平方米，占地面积仅 1 909 平方米，由机械电子工业部深圳设计院规划设计，武进建筑安装工程公司施工建造，总投资 1 400 万元，1992 年 6 月 28 日开工建设，1994 年 2 月 3 日竣工验收。

金龙大酒店（以下简称金龙）原名湖塘大厦，由武进县供销社[1]所属龙宇商业集团公司投资建设，取名带"龙"源于龙宇集团系列，金龙则寓意财源滚滚的祥龙腾飞，熠熠生辉。

武进，历史悠久，人杰地灵，历来就是江南闻名的鱼米之乡，经济实力雄厚。1992 年，在全国首届百强县榜单中，武进县名列第二[2]。但长期以来武进县与常州市同城同行，县政府机关在关河路县北新村一带驻扎。从 1992 年起，武进开始酝酿规划新的行政中心，在北上江边、西进奔牛、南下武南的抉择权衡中最终确定了南下武南的决策。1993 年 7 月，新的行政中心还在规划筹建之中，武进县政府机关由关河路南迁至湖塘镇人民路当时的县政府招待所办公（今武进吾悦广场），直到 1997 年 11 月武进行政中心[3]建成启用。

90 年代初的湖塘，车水马龙，街市兴旺。尽管商店、饭店、旅店也有不少，但毕竟还是乡镇的档次和容量，乡土气息浓厚，随着县政府机关迁入湖塘，急需一批商业设施相应配套。在此背景下，善于捕捉商机的武进供销人果断将原作为商住楼的湖塘大厦调整规划为宾馆酒店，以适应扑面而来的对外交往和改革开放的需要。

即使在今天高楼林立的湖塘，金龙的位置仍是繁华地段，而在 90 年代初的湖塘也属最热闹的市口，周边有长途汽车站、14 路公交车站以及武进中医院。

建成后的金龙成为当时湖塘的标志性建筑，这栋 Y 形结构的大楼，是湖塘第一家有中央空调的酒店、第一家进口三菱电梯并一直使用至今的酒店，也是湖塘第一家三星级的酒店（图 20-1）。

图 20-1　90 年代的金龙大酒店
来源：武进金龙大酒店

开业后的金龙，1 层为商场商务中心，2 层为餐饮餐厅，3—9 层为客房，10 层为舞厅娱乐中心。2004 年曾投资 500 万元进行更新改造，除对机电更新外，对酒店外立面进行了装修改造，10 层舞厅被改为客房后共有中高档次的客房 78 间，金龙尽管规模体量不大，但住宿餐饮连续火爆了 10 多年，直到 2006 年后金色南都、假日酒店以及香格里拉、希尔顿酒店等在湖塘板块的相继开业。

一家貌不惊人的三星级酒店在开放竞争中持续经营 30 年，并不多见，实属不易，难能可贵。

金龙享受的第一波红利来自会议接待。县政府机关的南迁意味着经济中心的南移，行政中心对人流资金流商品流的虹吸和带动是显而易见的，由此南来北往的商旅客人、开厂办厂的投资商人，以及会议接待的政府要人，包括来访武进的文化体育界名人如潘美辰、游本昌、蔡振华、邓亚萍等，因为金龙是湖塘板块宾馆接待的"天花板"，所以无一例外被迎进金龙。会议接待方面，除了县政府及机关各部门，还有湖塘镇政府、开发区等单位的大小会议，也首选金龙。潮水般涌来的客人不仅是新秀金龙练兵的好机会，更是给金龙带来了商机和财源。

在武进撤县设市 [4] 的国家级考察调研的关键时刻，因为当时金龙属于湖塘为数不多的高楼之一，加上处于湖塘中心位置，县政府领导果断将现场俯瞰环视地点设在了金龙，也正因为率队的国务院领导站在金龙 10 层大平台上的极目远眺，才给其留下武进城区繁荣兴旺的深刻印象，为武进撤县设市添上了决定性的一票。

金龙赢得的第二波市场机遇来自纺织产业。湖塘自古以来就是纺织名镇、重镇、大镇，早在明清时期，这里的土布生产水平就很发达，远销南洋等地。"家家机杼响，户户织机忙""日出万匹，经纬天下"，是对湖塘纺织业的生动描述。改革开放后，产业更旺市场更活，湖塘纺织产业迎来了春天，来自全国各地的纺织商人络绎不绝，采购进货的、来料加工的、代理批发的，不一而足。政府顺势而为，于 2005 年在湖塘长虹村规划建设了"中国湖塘纺织城" [5]，由此集聚了更多的大小纺织老板。金龙开业后，这里成了纺织老板的"会馆"，既是下榻休息的地方，又是洽谈生意餐聚小酌的场所，还是人情融洽感情联络的好去处。浙江柯桥，是全国纺织面料交易中心之一，与湖塘企业来往最频繁最密集，直到今天，金龙还是柯桥老板来湖塘吃住的不二选择。

金龙的第三波持续消费是回头客人。30 年来金龙除了有协议客户、商务散客外，更多的是连绵不断的回头客人。回头客人念的是金龙的微笑、服务和亲情，就像武进人的天然质朴加厚道，一楼转角的儿童乐园，大堂前台的自助茶吧、轮椅推车，餐饮楼层的休息座椅，无不透露着温情温馨，老客、熟客在这里总能感受到金龙不变的氛围但又有时代气息的服务和真诚。有的家庭会长达十几年在这里举行家庭团聚活动；有的外地亲戚来湖塘来武进总是喜欢住在金龙，因为这里有他们触手可及的亲切感、留恋难忘的归属感。2004 年金龙外立面大规模更新改造，四周布满施工脚手架，进出不便，但丝毫没有劝退和阻挡老顾客回头客的消费热情，即便是在今天日益繁华、宾馆酒店林立多样的新湖塘，依然如此。

1997 年，供销社旗下的明都大饭店（以下简称明都）在市区和平路开业，被视为金龙的"升级版"。在对标星级的提档升级中，明都一度与金陵大饭店合作，引入国际化规范化的酒店管理标准，在学习借鉴消化吸收的基础上，形成了明都特有的管理规范，直到 2011 年成立华怡酒店管理公司（以下简称华怡），至今旗下拥有 31 家连锁酒店。值得骄傲和称颂的是，无论是明都还是华怡，更多的是在酒店深耕实践中形成自主知识产权和特质特色品牌，无论是规模、标准、品质还是影响力，今天的华怡正与国内知名酒店集团比肩而行。

2004 年金龙改制，产权归出资股东持有，并归入华怡管理。

不可否认的是，在明都的品牌基因里渗透着金龙的元素，金龙在湖塘的"练摊"

图 20-2 金龙大酒店（摄于 2024 年）
来源：常州市城市建设档案馆

是明都在市区扬帆起航最好的铺垫，当然，明都以及华怡形成的积淀和品质，又是对金龙最直接最有效的反哺和示范。

在现代化湖塘的今天，因为金龙场地空间及体量容量所限，金龙的营业规模已远远不能与超大规模的现代酒店相比，但走稳才能走更远，走远才是正道。期待金龙成为有特色有情怀的百年老店（图20-2）。

本章注解

1　供销社，最早可以追溯到 1923 年"安源路矿工人消费合作社"。1950 年 7 月，中华全国合作社联合总社成立，1954 年 7 月，中华全国合作社联合总社更名为中华全国供销合作总社，标志供销合作社成为一个独立的具有统一系统的集体经济组织。武进县供销合作总社成立于 1950 年 10 月，隶属于苏南合作总社常州专区办事处，1954 年 11 月，改名为武进县供销合作社。

2　1992 年全国百强县前 10 位：江苏无锡县、江苏武进县、江苏江阴市、广东南海市、江苏常熟市、江苏吴县、江苏张家港市、浙江绍兴县、广东顺德市、浙江萧山市。

3　武进行政中心，位于延政大道，原属湖塘小留、何留及鸣凤部分地块。

4　武进撤县设市，1995 年 6 月 8 日批复，8 月 26 日正式挂牌。

5　中国湖塘纺织城，由湖塘集体资产经营公司、湖塘镇长虹村村民委员会共同投资建设，占地面积 983 亩，规划建筑面积 100 万平方米，设有纺织原辅材料交易中心、纺织面料交易中心、装饰织物交易中心、物流配套服务中心四大功能区，是一个国际化现代化的大型纺织物流交易市场。

民航大厦

　　民航大厦位于博爱路与和平路交叉路口、椿庭桥畔，建筑面积 8 047 平方米，现浇框架 13 层，地下 1 层，楼高 43.7 米，总投资 1 100 万元。工程 1987 年 11 月 20 日动工，1989 年 12 月 31 日竣工，获常州金龙杯奖。工程项目由中房公司代建，常州建筑设计院设计，常州市第一建筑工程公司承建施工。

　　建设民航大厦，最直接的动因是因为常州有民航机场。大厦作为机场的配套设施，满足航班延误后旅客休整，以及机组空乘人员停留周转休息等需要，包括设立机票票务中心、航班信息实时查询、往来机场旅客和工作人员的中转接送等多项服务功能。在博爱路口建设民航大厦，与方便旅客转乘火车汽车不无关系，大厦地处市区，提供班车来往西郊奔牛机场和市区。

　　机场对一个城市区域功能和知名度提升的意义和作用是不言而喻的。常州民航机场与上海虹桥、南京禄口两大机场等距相望，处于南北航路的中心位置，当年在江苏省内是仅次于南京禄口机场、苏南地区最早执飞国内航线的机场。1985 年，在军地双方的共同努力下，民航常州站挂牌成立，具有江南水乡韵味的航站楼也建成启用，第二年的 3 月 5 日，广州到常州、常州到北京的航线通航，为南下北上的旅客提供了交通便利。

常州机场从 1986 年到 2010 年 20 余年间，先后完成了三次改扩建[1]。跑道从最初的 2 200 米加长到 3 400 米，起降等级从最初的 4C 级上升到 4E 级，可以起降除空客 380 以外的所有大型客机。航线从最初的北京、广州、西安三条，扩展到 2020 年近 50 条，包括 2014 年作为一类口岸开放后，开通的中国香港、中国台湾及日本等航线，2023 年旅客超过 400 万人次。在每一万平方千米 0.8 个机场，密度超过美国 0.6 个的"民航长三角"板块中，包括高铁快速发展带来的持续冲击，机场谋求自身定位，不断应对竞争挑战。

因为机场航站楼由市建筑设计院设计的缘故，民航大厦也继续由原班人马提供设计。根据地理位置和周边环境，整个大厦沿袭了机场航站楼的江南风格，尤其是在大厦东侧部分采用了江南民房屋顶斜坡面加退台式设计，即从 12 层到 6 层逐层降低高度，既兼顾大厦功能需要，又满足城市街区规划要求。东立面还采用了大面积的玻璃幕墙，而非一堵实墙。斜坡、退台式、玻璃幕墙，加上整个大厦以白色为主基调，如此一来，无论从椿庭桥东侧还是北侧眺望，整个大厦元素丰富、轻盈明快，与河畔青青杨柳构成一幅江南春早的画卷（图 21-1）。

大厦经试营业后于 1991 年 12 月 20 日正式开业，共有标准间 79 间、套间 7 间，二楼为餐饮大厅，三楼为包厢，顶层是大会议室，一楼大厅设有民航售票处及与机场同步的航班信息显示屏，另有小型购物商场方便旅客需要。大厦设施齐全设备先进，具备了当时条件下的中央空调、程控电话、闭路电视等设施，1993 年省政府同意民航大厦为涉外宾馆，1995 年被定为二星级旅游饭店。

80 年代坐飞机出行是一件大事，是一件昂贵和奢华的事情，单位公出要凭介绍信才能购票，设在小营前太平洋商场内的民航售票处，购票前需填写购票信息，每填写一张购票单需支付 5 元人民币，尽管在今天看来实在是匪夷所思，但常州机场开通广州北京航班后，还是吸引了不少因公出差和商务生意人士，包括周边江阴、丹阳、宜兴等县市的旅客。坐飞机，不仅快捷方便，更是一种身份的体现。不仅如此，机场还是城市名片，为了争取项目和资源，跑步进京，同时邀请部属机关和央企领导来常州考察调研，机场提供的便利，航班节省的时间，不能不说是"京官"拨冗启程的动因之一。

整个 90 年代，是大厦最火红的时期。因为 90 年代江苏省内除南京禄口机场外，

图 21-1　90 年代的民航大厦
来源：《常州年鉴》，1995 年

无锡硕放机场、苏中扬泰机场尚未投入正常运行，常州机场对周边苏南市县的辐射和吸引力是明显的。不少泰兴、靖江甚至更远的苏北旅客过江前来常州机场乘机，尤其在深秋初冬季节，时常有大雾浓雾，苏中苏北的旅客为避免雾天锁江渡轮停运，会提前一天来常州投宿以确保第二天乘机不误时，而民航大厦就是他们的落脚点，大厦提供准确的航班信息以及免费的班车，让他们的出行安心舒心无后顾之忧。

　　让旅客感到便利的还有设在大厅一楼的市内货运办理窗口，无论是货物托运还是随航班运来的货品，旅客只要在大厦窗口办理相关手续后，即可托运或提取，无需大件大包在机场办理，大大方便了出行。因为大厦临近当时的火车站和长途汽车站，过往旅客频繁客源充裕，甚至远远超过飞机出行的旅客数量。附近供电系统的椿庭大酒店开业前，电力系统不少培训、会议都是就近在大厦举办，留下不少美好的回忆。

民航大厦在隶属上曾有多次变化，因为常州机场由最初的中国民航常州站到后来的常州机场集团有限公司，从开始的垂直管理到属地管理，从属地管理又归属东部机场集团，由此民航大厦的隶属和经营管理也几经调整变动。目前，民航大厦资产归属江苏空管局所有。

2010 年，民航大厦由江苏毗陵驿商业有限公司（七加七餐饮管理公司）租赁经营，大厦也由此更名为"毗陵驿·翔航空主题酒家"，酒店于 2012 年 1 月开业（图 21-2）。

遗憾的是，随着宾馆酒店业的日臻繁荣，不同主题、不同层次的宾馆酒店给旅客提供了更多的产品和选择，加上民航大厦所在的新丰街区域不再是城市交通的主要"门户"和通道，新开张的主题酒店并不如预期红火。

期待大厦寻觅商机，再次腾飞。

图 21-2 民航大厦（摄于 2024 年）
来源：常州市城市建设档案馆

本章注解

1　1986 年第一次改扩建，形成 2 200 米跑道、飞行区等级 4C 级；1996 年完成了第二次改扩建，跑道延长至 2 800 米、飞行区等级升为 4D 级；2009 年完成了第三次改扩建，跑道加长到 3 400 米，飞行区等级达 4E 级，停机位 20 个，可以起降除空客 380 以外的所有大型客机。

医药大楼

　　医药大楼位于东大街与成全巷交叉口，现在延陵西路102号，建成于1988年。从建成开始，江苏省医药公司常州采购供应站即百姓熟知的"医药公司"就在这里营业和办公，尽管在大楼顶上已经赫然挂上"上药集团常州药业股份有限公司"的巨幅牌子，但其主体没有变。

　　医药公司原址在南大街孙府弄北[1]，原址房屋陈旧、白蚁肆虐，难以整修，1981年和1983年公司曾两次向上级省公司以及政府相关部门提出撤旧建新或易地重建计划，但终因各种原因搁浅。1984年12月，市计委将医药大楼建设列入基建重点项目，并确定选址在沿东大街北侧的马山埠附近，与即将拉开的东西大街改造竞相呼应，为此相邻的原商业中学还易地搬迁让出部分地块（图22-1）。

　　大楼由上海高等教育建筑设计院设计，武进建筑公司第二工程处承接施工，1986年底破土动工，1988年10月竣工验收。建成后的大楼总高8层，占地面积835平方米，建筑面积6 052平方米，外观呈长方形，坐北朝南、形态周正，为当年的延陵路又添一景。1988年底医药公司整体迁入新楼营业和办公，1—2层为商场及零售，3—5层为批发销售，6层为管理部门，7层一度开过热门的得乐舞厅，后因安全因素关闭，改为会议大厅，整体功能布

图 22-1　建设中的医药大楼
来源：上药集团常州药业股份有限公司

局保持不变（图 22-2）。2008 年大楼内部曾整体装修改造，2021 年大楼外立面进行了换装出新。

在古代，中药为国药，在西药进入中国之前，与百姓看病买药密切相关的是以中药为主的药店药房，南宋宝祐年间（1253—1258），官府在金斗门内[2]设立了专营药品的惠民药局。明天启二年（1622）的"童宁远药店"[3]是常州有记载并传承至今的第一家药店，也被考证为常州现存最老的百年老字号。一直到民国时期，常州城区有大小药房 30 余家，而又以童宁远、老丰裕、东丰裕和存仁社 4 家[4]最为有名。"到药房抓药"，以及带有夜晚药房标记的不灭灯光，曾经是百姓求医问药、祈求健康的依靠和希望。

在有案可查的名号药房传统中，"以仁存心，法古精修"的职业操守，匡正和规范着"修合"[5]的全过程。药材好，药才好。首先是对选材的苛刻，只有在经过了手捏、鼻闻、眼看、口尝、火试、水试等不同环节后，药材才能进入炮制环节。地道、纯洁、上等的药材在浸润、烘干、研磨、煎熬后，揉进的不仅是药材，而且是大自然的灵气和馈赠；熬出的不仅仅是汤药，而且是医者仁心的护佑和期盼。每当患者目睹文火慢煎，闻着空气中弥漫着的、沁人心脾的药味，也许病魔已经被驱

图 22-2　90 年代的医药大楼
来源：上药集团常州药业股份有限公司

散，或许疾病已好大半。

　　新中国成立后全行业公私合营，中药店不再由私人经营，并在各大医院设立了中药房。1954 年 7 月，中国医药公司常州市公司成立，以后又更名为江苏省常州医药药材公司，挂江苏省医药公司常州采购供应站[6]牌子（以下简称常州医药）。

　　从新中国成立初到改革开放前的漫长岁月里，常州医药按照国家"统购统销"的政策，将计划内的药品通过一二级批发站"买进来"，供医院、供药店，同时又将计划内自产的药品经过二三级批发站"卖出去"，供外埠采购，工厂不可以自产自销药品，不得进入流通领域。有"心血管药物专家工厂"之称的常州制药厂作为国家药品定点生产企业，常压降压片、复方卡托普利等"首仿"药品，原料定点直供，同样产品也按计划调拨销往全国各地。四药厂"首仿"药奥克，还有三药厂俗称慢肝灵的马洛替酯，健民制药厂用于治疗白血病的特效药三尖杉酯碱、高三尖杉酯碱注射液系列，以及二药厂当年独创、替代日本进口的海南霉素，除供应本地医院药店，相当数量进入医药公司采购渠道流向大江南北。在成千上万药品的进销流通中，常州医药确保了常州百姓基本用药平稳有序，对于防病治病、保障人民群众生命健康，意义不言而喻。

80年代中后期，常州医药紧贴"风口"，走上了快车道。

　　"风口"首现在新特药的兴起上。1985年由著名演员李默然代言的"三九胃泰"横空出世，广告差点成当年央视的标王；1989年"丽珠得乐"又在全国刮起胃药旋风，"男人更需要关怀"成为当年风靡一时的广告词；1995年，"白加黑""治疗感冒、黑白分明"，洗脑的广告语开创了感冒药片剂日夜分开的先河，满足了部分感冒人群对白天服药不瞌睡的要求。问世于1929年、1979年声名鹊起的水仙牌风油精，阶梯状瓶子加叶绿元素，被誉为"神油"，以止痒消肿功能家喻户晓，出门前洒一点在皮肤或衣裤上，一路自带清凉风。对外开放也使进口药鱼贯而入，如瑞士进口肾移植排异药物山地明（环孢素注射液）、专治痛风的立加利仙（苯溴马隆）等，很多是用来救命的专门药、特殊药，病人急需患者急等，是多少人的急盼。

　　这些夺人眼球，又紧跟时代需求的新药特药，撩动着常州医药能人的神经，他们敏锐地感到必须抓住市场机遇，在服务患者消费者急需的同时，必须在进销流通中增强盈利能力壮大公司实力。80年代末率先成立的新特药公司鲜明亮牌"要买新药进口药，请找常州新特药"，为确保稀缺药品的及时供应，他们在上海和广州两地一级站建立货源基地，以后又与西安杨森、天津施克等合资企业"铁杆"联手，第一时间抢得新药订单。新特药还一年举行两次推广会，请专家教授为医院医生、药品采购商等讲解药理，最远的会议开到了西北兰州。在北上南下的货源争抢和市场拓展中，新特药经销领跑全省，超越周边苏南城市，这是常州医药突破"统购统销"束缚，借力新特药"风口"掘取的第一桶真金白银。

　　创建于90年代初期，号称全球最大的一站式药材交易市场的安徽亳州中药材交易市场，以"买不到的在这里可以买到，卖不掉的在这里可以卖掉"的牛气牛市，招徕全国药材商家。建于2000年初的安徽太和医药市场，汇聚了全国近4 000家药厂在此卖药，号称"华东药都"、全国药品集散地。富有市场眼光和经营头脑的常药能人，果断将目光锁定在两大市场，加上原有市场渠道和客户资源的底气，抢先一步拔得头筹，赶早赶巧进入两大市场，进短缺药材、买紧俏药品、订来年新品。货源有了，接下来他们勇于突破区域地域限制，将触角延伸到省内省外，市场销售的半径范围远远超出了本地的一市三县，跨出常州、直抵苏北，东西南北、遍及全国。地处上海南京路黄金地段的第一药品商店，既是药品中心，又是营销信息中心，常州医药在其药店楼上设立了他们的销售办公室，常年派驻业务人员，用他们的"铁算盘"加"铁脚板"，捕捉了商机赢得了客户，借力市场"风口"拼抢来了第二桶真金白银。

1993 年，常州医药药材公司整体改制为常州药业股份有限公司（以下简称常州药业），第二年，常州药业收购兼并了常州健民制药厂，开始试水生产制药业板块。1997 年，在政府政策的加持下，常州药业又跨出惊人一步，收购兼并了身陷危机的常州制药厂。转机出现在 2001 年美国"9·11"后，为防御"炭疽热"病毒的侵扰，美国当局在全球招标"强力霉素"（盐酸多西环素片，Doxycycline Hyclate Tablets），并要求有 3 年用量的储备。参与投标的全球药商从上百家的"长名单"变成了最后 3 家的"短名单"，经过严格的问卷、评估、检测和现场察看后，最终常州制药厂从"短名单"中胜出，成为唯一供货商。即便如此，美方还将检测仪器直接赠予工厂，要求将药品质量管控前置到出厂前，为鼓励工厂如期交货，在每批产品投产前还汇来预付款。工厂没有食言兑现了合约的承诺，如期按质向美方交付了药品，工厂也由此每年获利近 5 000 万元人民币，常药厂重获生机活力。

"强力霉素"问鼎美国市场，既是工厂产品国际化的开端，也为后续研发积累了实战经验，2017 年经过 FDA 认证后降血脂类瑞舒伐他汀钙片销往美国市场，2020 年该药品又获国家药监局（NMPA）批准上市，由此实现"国内国外双市场、原料和制剂垂直一体化"的战略布局。

拥有生产、批发和零售三大优质板块的常州药业，赢得了业界同行的青睐，2000 年上海药业与常州药业强强联手，上海药业收购常州药业法人股 42%，2013 年又增持到 75.89%，2015 年常州药业更名为"上药集团常州药业股份有限公司"，此后又根据上下产业链配置需要，先后在南通和赤峰投资建设了特色原料药和中间体生产基地，常州药业演绎为工贸一体化的实体企业。

研发新药也好，采购新特药也罢，落脚点终究是为民造福。2000 年，零售板块新组建了人寿天医药连锁有限公司，旗下除了童宁远、老丰裕等百年老字号外，还有南山药店、医药商场等全国文明示范店 10 余家 [7]，其前身都为国营药店，有一批专业药师及技师工匠。这些连锁店统一标记标识、统一药品质量和统一服务标准，最大限度地贴近百姓服务市民。

走进这些连锁药店，最瞩目的是仍保留着的、倚着整面墙排开的中药柜屉，药师手持精巧的杆秤，娴熟无误地按药方抓取着每一味中药，重量几无偏差，配齐核对后，会用传统的牛皮纸包裹结实，放心地交给顾客。当然，连锁店也融入了网络和电子结算系统，通过微信支付宝以及电子医保在这里完全可以秒结清账，让买药过程更轻松更自在。尽管前店后作坊式的药店工场已经消失，尽管零售药店已经政策性放开，各种名号的药店遍及城乡街巷，但市民百姓源于对百年老店的信赖和对国营药店的信任，对人寿天连锁有着不可动摇的信任度。

2021年3月18日，位于天宁凤凰公园西侧的上药常药大厦奠基开工，2023年底常州药业迁入新址，毫无疑问，这将是常药科工贸一体化发展史上具有里程碑意义的一页。同样，见证了常药辉煌35年的医药大楼将迎来新生（图22-3），可贵的是，大楼没有易主变更，更没有流失贬值，她还将朝气蓬勃地为社会为公众服务。

图 22-3 医药大楼（摄于 2024 年）
来源：常州市城市建设档案馆

本章注解

1　孙府弄，旧为明代尚书孙慎行的府第，因以得名。孙府弄东接南大街，全长348米，是常州城中最长的弄，2014年底消亡。

2　金斗门，今北大街南口，原甘棠桥堍。

3　童宁远药店，由浙江人童浩山创立，原址在南大街小马元巷对面，现在怀德中路48号。

4　老丰裕，清同治三年（1864）由无锡人李秋亭在西瀛里中段开设，以丸散闻名；东丰裕，清同治十一年（1872）由老丰裕李、杨两股东集资在北大街钟楼下开设，以后又更名为东丰裕余记药店，以饮片见长；存仁社，1920年由曹鉴初发起成立，原址在原千秋坊惠民桥对面，以选材用料精道著称。

5　修合，制药的过程，修，指对未加工药材的炮制；合，指对药材的取舍、搭配、炮制的全过程。

6　医药采购供应站，计划经济时期，药品流通实行全国总公司或区域一级批发站，省级公司及地市二级批发站，县三级批发站的采购、调拨、批发的销售体系，一级站有北京、上海、广州、天津和沈阳。

7　人寿天连锁：包括童宁远、老丰裕、东丰裕、朱汉记、安康、养生、回春、南山、庆丰、中华、益寿、戚区等国营药店。

迎春大楼

　　迎春大楼位于局前街中段，为常州第一座高层统建综合办公楼，1986 年 4 月破土动工，1988 年 1 月落成，由中房公司投资建设。

　　中房公司，即成立于 1981 年的中国房屋建设开发公司常州市公司，1988 年改称为中国房地产开发总公司常州公司。

　　迎春大楼原址最早为唐氏宅园，建造大楼前是煤气公司所属瓶装液化气供应站，加上拆迁民居 50 户约 1 850 平方米，合计占地面积 3 000 平方米。建成后的大楼建筑面积 9 260 平方米，主楼 13 层，局部 15 层，高度 52.2 米，现浇混凝土剪力框架结构，设有五级人防地下室。大楼土建、水电由市民用建筑设计室设计，暖通由市建筑设计院设计，浙江机械化施工工程公司夯扩桩施工，市第三建筑公司（现第二建筑公司）土建施工。

　　大楼立面造型明朗、新颖、美观、富有韵律，中部垂直的玻璃幕墙和二层水平玻璃幕墙形成对比，具有时代气息。外装修采用深咖啡色釉面砖，室内装潢简洁、明快，格调清新。该楼是省内率先在高层建筑中使用夯扩灌注桩的成功案例，1991 年获市优秀设计二等奖。大楼内设有办公室、会议室、展厅、舞厅等多功能空间，屋顶有第一座高层屋顶花园。迎春大楼作为中房公司自建大楼，既体现中房在城市开发建设中的实力地位，也是公司拓展业务的需要（图23-1）。

改革开放初期，城市开发建设包括住房建设还不成体系，商品房的属性还不明朗。中房成立之前，常州按照"统建办"[1]模式，以其作为城市综合开发的指挥部，实行"六统一"[2]建设方针。1981年9月市政府决定将市"统建办"和城市改造办公室合并成立中国房屋建设开发公司常州市公司，是当年国家中房总公司批准设立的首批4个市公司[3]之一。尽管在80年代中后期又相继成立了城市综合开发公司、房地产开发公司以及区属、局属的二、三、四级开发企业[4]，但在常州中房公司起步最早、定级最高，加上经济技术力量雄厚，在房地产还处于萌动期是独家经营，中房公司毫无疑问叫得最响、影响力也最大。

因为早又是国有独家，所以在80年代常州大规模开发建设中，中房公司是无可争议的主角。从1982年到1990年，中房先后开发建成了清潭三村[5]、北环新村、丽华新村、西新桥二村、红梅新村、白云新村、红梅西村[6]等一批住宅小区，先后组织动迁、配合拓宽和平南路、延陵西路等市区5条主干道，代建金融大楼、科技大楼、五化交大厦、民航大厦等一批临街高层建筑。1989年中房公司还率先"走出去"，在黑河、海南等地开发房地产项目。在泰国开发建设SNC皇家公寓大厦，高24层68.5米，总建筑面积1.9万平方米，尽管在项目效益上有争议，但却是常州在境外开发项目上第一个"吃螃蟹的人"。不管怎样，在积极推进房屋建设的社会化和商品化、房屋建设与城市改造综合开发、加快城市居民居住条件改善和城市面貌改观上，中房公司发挥了国有平台公司的历史性作用。

正因为常州在城市房屋开发建设上起步早，加上国家层面给予的试点政策，所以，早在1983年商品房就作为具有分水岭意义的产物出现在常州百姓生活中，虽然当时还仅仅是雏形。从1983年起常州按照每平方米150元的定价，并由政府、单位和个人各承担三分之一的模式，即"三三制"[7]补贴出售公有住房，将中房在清潭新村投资建设的4幢住宅楼率先推出出售，直到1985年10月国家宣布停止补贴出售公有住房的试点。1993年7月常州又率先在省内以每平方米300元的基价向职工出售成套公有住房，并实行现住房折扣、工龄折扣、一次性付款折扣等优惠措施[8]鼓励职工购房，逐步向住房商品化市场化全过渡。这些渐进式的、过渡接轨性的导向办法，改变了百姓对住房属性的认识，逐步提高城市居民对房价的心理

图 23-1　建成之初的迎春大楼
来源：《常州年鉴》，1993 年

承受能力，为住房的完全市场化商品化奠定了基础。

当年的中房公司不仅在城市综合开发中先人一步快人一招，在顺应开放，在城市生活和消费方式的时尚引领上也开先河领风骚，开办了不少"第一""首店"。

延陵快餐，常州第一家。便当外卖模式是当年中房公司赴日本学习考察的意外收获。1989年4月在县学街1号中房公司原址首创了快餐业务，定价最便宜的每份1.5元，最贵的5元，即便如此，开业的头半年问津者寥寥，生意惨淡。转机出现在当年国庆前的全市红歌大汇演，一下子订了6 000份，而生意真正红火起来则是1991年发生的特大洪灾后，很多饭店受淹歇业，市民出行又不便，快餐一时成为百姓的首选。此后延陵快餐名声大振，每个月的营业额都在100万元以上，老百姓也开始慢慢适应"喊快餐"这一新型餐饮消费方式。1996年因文化宫周边拆迁改造，延陵快餐关门歇业。

80年代中期启动的东西大街改造工程西起怀德桥东至和平路，由于拆迁征收等原因，一期工程由西往东到小营前位置暂告段落。1991年，中房利用小营前转角空闲地块建起半圆弧形的三层建筑，并在此开设了水中仙大酒楼。这是常州第一家主营海鲜的酒楼，在以淮扬菜主打的常州传统餐饮市场引入海鲜、粤菜和早茶，瞄准马路对面的常州大酒店住店的客人以及生意老板，一时酒楼顾客盈门生意兴隆，大小老板无不以在水中仙请客为荣。几乎同时，还在酒楼底层开设了丰盛鲜鱼行，向消费者提供当时市场还匮乏的舟山带鱼、黄鱼以及太湖鱼湖鲜，成为第一家市场化的水产中心。在酒楼一楼还开设了常州第一家鲜花行（店），鲜花由千里之外的昆明空运来常，将客户首先导向开张庆贺、会议接待和盛典展览等高端消费，并向市场和消费者传达鲜花在日常生活中扮演的独特角色和情感寓意，将鲜花的仪式感潜移默化融入日常生活和人际交往的方方面面。

除了吃的还有用的。90年代初，中房公司在和平路斜桥巷高层小区底层，开办了常州第一家出国人员服务部，出国人员凭外汇指标，可以购买俗称"大件""小件"的进口商品，以省去出国人员从境外携带的麻烦和不便。由此常州市民家庭中最早有了松下、夏普、索尼、大金、先锋、建伍等牌子的电视机、洗衣机、冰箱、空调、音响等"大件"，也出现了迪奥香水和兰蔻、雅思兰黛等大牌化妆品，还有女性丝袜，TDK空白磁带等等"小件"，这些博人眼球的"洋货"冲击着人们的视野，与改革开放一起逐步走进了千家万户。至今，这些激动和温馨的情景还印刻在人们的记忆坐标上。

建成的迎春大楼因为外墙采用深咖啡色釉面砖，所以市民百姓都俗称其为"巧克力"大楼。"巧克力"不仅是舶来品，而且说起来总觉得带有洋气时尚的感觉，因此市民觉得出入该大楼办公的"非富即贵"。事实上，在步入改革开放不久的八九十年代，在迎春大楼办公的除了中房公司自身外，还有常州海关和对外经济技术贸易公司（简称地方外贸公司）两家"重量级"的涉外单位。

在广化街海关大楼建成前，海关在迎春大楼 8 层过渡，从 1988 年到 1994 年，时间前后 6 年之久。在这里海关经历了从筹建到 1991 年正式开关，也见证了这一时期外向型经济全面启动的峥嵘岁月。同样作为常州第一家具有对外进出口经营权及国外工程和对外劳务输出经营权的地方外贸公司，从 1988 年入驻大楼 10—12 层，直到 2003 年迁出长达 15 年，在这里历经外贸出口从收购到自营、独家经营到入世经营权全面开放，从引进来到走出去的全方位互动开放发展。

电梯慢，是当年在这里上班的白领对大楼最直接的感受。近万平方米、15 层高的写字楼，只有 2 台电梯配置，不仅电梯上下的速度慢，开关门的节奏更慢。当时的电梯还没有加装空调，每到夏季高温，载着满满一轿厢人的电梯仍然是悠笃笃慢吞吞地上上下下，临了停靠开门还要等 10 秒，急煞了那些急于奔东赶西的白领，因为那是"时间就是金钱，效率就是生命"的蓬勃年代。

机遇稍纵即逝，竞争不容懈怠。90 年代中后期，房地产全面市场化社会化，房地产业发展逐步加速，仅 2002 年商品房住宅销售面积比 1998 年增长了 2 倍多，2003 年后，国家将房地产作为拉动国民经济发展的支柱产业，受利好政策的影响，这一年，一批有实力有产品有品牌的外资、外地企业咄咄逼人，纷纷加盟常州房地产市场，与本地企业同台竞技一比高低。而此时的中房已远不是当年独占鳌头风生水起的领头雁，因战线过长回收过慢、债务缠身、亏损严重、难以为继而伤痕累累，面对强手如林的开发商已再无绝地反击的底气和实力。

1994 年，按照股份制新组建的中房实业股份公司（中房常州公司占股 63%），尝试打破中房国企发展瓶颈，作为社会资本进入房地产的探索，尽管也开发了香江华庭等楼盘，但终因缺乏与品牌开发商抗衡交手的能力而将股权抵债华融资产管理公司，2001年华融挂牌出让，最终由亚邦集团收购。

1998年，从原中房公司脱壳新组建的中房房地产开发公司（简称新中房），承继了原中房的无形资产，此后也曾先后开发了白云东苑、江南豪华花园、清潭南苑等小区，2007年由市工贸国资公司接收整合。

2002年，迎春大楼易主（图23-2）。原中房公司因拖欠银行债务，破产清算，大楼及后院织补建造的3 000平方米的辅楼一同被市中院拍卖，本地一民营企业获得所有权而入主大楼。此后，在依然繁忙的局前街，大楼经修缮后改为旅馆、商场等。

图23-2 迎春大楼（摄于2024年）
来源：常州市城市建设档案馆

本章注解

1　统建办，即住宅统建办公室。

2　六统一，即统一征地、统一规划、统一设计、统一施工、统一配套、统一管理。

3　首批 4 个市公司：江苏常州、河南郑州、湖北沙市、吉林四平。1982 年 4 月，国务院又批准常州、郑州、沙市、四平 4 个城市为补贴出售住宅的试点城市。

4　常州市城市综合开发公司，1984 年 10 月成立，二级开发公司；常州市房地产开发公司，1985 年 1 月成立，三级开发公司；常州华光建设工程公司，1986 年 11 月成立，三级开发公司；龙城实业有限公司，1984 年 10 月成立，三级开发公司；常州市商业网点开发公司，1985 年成立，三级开发公司；武进房地产综合开发公司，1984 年 3 月成立，三级开发公司；天宁城市建设开发公司，1985 年 5 月成立，四级开发公司；钟楼区城市改造办公室，1985 年 1 月成立，四级开发公司；戚墅堰区房屋开发公司，1984 年 6 月成立，四级开发公司。

5　清潭三村，获得国家优质工程银质奖。

6　红梅西村，获建设部综合实验七个大奖和鲁班奖，首次引入物业管理这一概念，率先成立"中房物业管理公司"。

7　"三三制"补贴出售公有住房，三年中常州共出售新建住房 1478 套、8.2 万平方米，回收出售资金 311 万元。

8　1993 年 7 月 1 日至 1994 年 3 月 31 日优惠出售公有住房期间，共出售公有住房 57 019 套，建筑面积 344 万平方米，回收售房资金 4.87 亿元，出售面积占可售面积的 60%。1996 年开始以成本价出售公有住房，当年出售基价为每平方米建筑面积 700 元。此后每个房改年度调整一次出售基价，逐步提高成本价标准，逐步降低或取消折扣优惠。

亚细亚影视城

　　作为常州"文化地标"和中国"文化奇迹"的亚细亚影视城，在历经 30 余年的风雨洗礼后，于 2023 年迎来了再一次的更新改造。

　　亚细亚影视城原名亚细亚影城，建成于 1991 年。

　　"多厅多功能影院"是亚细亚影城在中国的首创。电影院，从诞生起就是一个影院一个厅、一个剧场成百上千座位的模式。随着时代发展，率先从欧美国家开始，观众对观影的要求越来越高，对剧场环境包括座位的舒适度也有新的要求。80 年代中期，国家文化部电影总局在学习借鉴国外剧场小型化趋势后，正在探索中国城市影院如何走出陈旧老化、经营不善的困境，而此时常州提出的"多厅多功能"的改革设想正逢其时。

　　戴着工业明星城市光环的常州，于 1984 年被列为全国城市综合改革试点城市，而试点的除了经济体制外还涉及社会事业等多领域全方位。勇立潮头的常州人，总是勇于探索善于破题走在前。"多厅多功能影院"的建设设想适应市场需求，契合影院改革方向，所以一经提出就被列入国家"社会发展综合示范试点"和"多厅多功能影院试点"项目，国家电影总局、中国电影学院等积极呼应大力支持。

　　此后的 1987 年 11 月，亚细亚影城经国家电影局批准立项，由常州市电影

图 24-1　建成之初的亚细亚影城
来源：《百年常州》，南京大学出版社，2009 年

放映公司作为建设主体，常州建筑设计院担纲总体设计，国家广播电影电视部（以下简称广电部）电影设计研究所承担电影工艺设计，北京广电声学研究所提供声学设计支持，常州第二建筑公司施工总承包，于 1988 年 5 月动工建设，总建筑面积 17 970 平方米。1991 年 5 月 23 日，以国家广电部中国电影"华表奖"[1]颁奖大会的举行为标志，亚细亚影城落成剪彩，当年 12 月 28 日全面竣工启用（图 24-1）。

选址在怀德路建造亚细亚并非偶然。其实在动议建设亚细亚影城之前，市文化局所属电影放映公司正计划对位于怀德路和留芳路口，并相邻的人民剧院和新华电影院进行拆除翻建，建设多厅多功能的亚细亚影城可以说是适逢其会。

用今天的眼光来看，影城建筑并无宏大气势，主立面部分高 7 层，但在建筑设计上充满挑战和突破。因为区域空间有限，由平面组织改为垂直组织，也就是多厅功能按照白厅、黄厅、蓝厅从下到上叠加设计，叠加形成的夹层空间也得到了充分的利用，这在当时为国内首创；接下来是克服结构难题，黄厅的预应力梁跨度达 28 米，是当时常州最大预应力实施项目；还有顶层大斜顶悬挑 6 米，在当时钢结构还不够普及的背景下，无疑也是挑战，但凭借着常州人的智慧和勇气，影城如期施工顺利推进。整个建筑造型酷似前进中的巨轮，取名亚细亚影城，寓意着中国电影巨轮亚细亚号由此扬帆起航，昂首驶向中国电影事业繁荣的彼岸。

中国建筑注重门脸，在建筑主立面的中间，有一条类似"Z"形飘带状的红色外墙贴面，上方有咖啡色的玻璃窗，既代表巨轮的舷窗，又象征为电影胶片的锯齿，洋溢着鲜明的电影元素。遗憾的是，在2000年的更新改造中，被改头换面从而面目全非，抹去了原有的电影元素，大面积玻璃外墙和炫目视屏成为立面的主角。

诞生于19世纪末、兴盛于20世纪的电影技术[2]，历经了从胶片到数字化的演绎。依托不同时期的技术进步，胶片以及电影技术先后历经托马斯 · 阿尔瓦 · 爱迪生（Thomas Alva Edison）[3]的电影摄影放映技术、卢米埃尔兄弟[4]的电影放映机技术、西奥多 · 凯斯（Theodore Case）[5]的有声电影阶段以及20世纪50年代开始的宽银幕视觉技术。胶片是宝贵的文化遗产，在重塑色彩方面十分出色，其特殊的质感、色彩饱和度和层次感优于数字电影。但胶片拍摄成本的昂贵、制作过程的冗长使胶片电影很难享受到技术创新带来的红利，而人工智能技术给数字电影赋能，使电影艺术愈加灿烂缤纷，这些都毋庸置疑地促使胶片电影在进入21世纪以来逐渐让位于数字电影。

亚细亚影城的魅力和出彩，首先是在于她的多厅和多功能。对观众来讲，颠覆式地改变了过去到电影院只看一场电影、影院仅有一种电影的无奈和窘迫，而让观众和消费者有更多的选择和体验，更尽情更酣畅更过瘾。对影院来讲，因为多厅多功能，观众和消费者在影院停留的时间更长，由此衍生更多吃喝玩游购娱的关联消费，这对影院的综合效益、对影院可持续发展无疑是利好和良性的。建成之初的影城，以影视厅为主体，集购物娱乐、酒店餐饮、健身休闲、银行金融于一体，集十大功能于一城，而这种满足全方位消费需求的多功能，正是当今城市最流行的商业综合体模式。从这个意义上看，亚细亚影城堪称中国最早的商业综合体[6]。

影城黄厅，当年最风光，因为内装基调为黄色而得名，设席位900座。黄厅的惊艳在银幕，宽27.4米、高19.7米，面积超过500平方米，是当时一般影院银幕的10倍，为亚洲第一。当年这超大银幕像个庞然大物，从黄浦江通过古运河运到了常州码头，但亚细亚的门进不去，万般无奈中硬是在造好的黄厅墙上敲出了一个大洞，再用起吊机，加上30多名员工肩扛手推地配合，才被毫发无损地送进了

二楼的黄厅。银幕来了，放映机又卡壳了，为超大银幕量身定做的放映机必须是70毫米的大盘机，而当时国产通用的只有35毫米，如果靠进口购买需投入200万美元之巨，这对家底单薄捉襟见肘的亚细亚无疑是望洋兴叹。好说歹说，广州珠江电影机械厂愿意试一试，条件是预付研制费用30万元。亚细亚人咬紧牙关东拼西凑总算把70毫米的放映机买了回来。从未见过的超大银幕加上六路立体声音响，让观众趋之若鹜首选黄厅，一时洛阳纸贵，当年热度指数远超当下的网红打卡，能搞到一张黄厅门票被视为牛人。也正因为一票难求，所以当年的亚细亚还"养肥"了一批票贩"黄牛"，在这里倒票的"黄牛"一个月挣大几千并非难事，月进万元也不在少数。

蓝红白厅也是各具风采，以蓝色装修为基调的700座蓝厅在影城三层，银幕宽20米、高10米，可放35毫米系列电影以及70毫米六路立体声电影；设在一层以红色为基调的300座红厅，座椅、地毯按豪华型标准设计；100座的白厅，以典雅白为底色，有古罗马柱头雕花天花板、四路同声翻译系统、宽大沙发座椅，配供进口原版片，具备小型国际会议条件。五光十色的紫云、原野、太空3个激光录像放映厅在影城二层，是潮男潮女的最爱。

多厅以外就是多功能。蓝桥卡拉OK厅、红与黑舞厅、维也纳咖啡厅、百老汇酒吧，光鲜夺目万紫千红的名字已经尽显魅力足够迷人；两条从德国进口的保龄球道，光鲜亮丽，尽显大牌风范；长13.5米、有3个泳道的室内泳池，以及器械新潮的健身房，是运动健身爱好者的钟爱。一层超过2 000平方米的购物中心，精品屋、音响书屋、图片摄影屋等林林总总五彩缤纷；700平方米的中、西餐厅既有缅怀东坡先生彰显人文情怀的"竹厅"套间，也有富丽堂皇的红木单厅，还有肯德基等西式轻餐；按星级酒店配套的影城宾馆典雅宁静，舒适宜人；银行也不失时机地办了营业机构，傍上影城的同时为游购娱提供结算便利。在常州投资生活的外商外企人员，还借着天时地利在这里开设了外商俱乐部。

整个影城设中央空调，自动扶梯、垂直升降电梯分布在不同点位，连接着影城的各个功能场所，即使影城的屋顶也是鲜花盛开四季常青，成为常州最大的屋顶花园。值得自豪的是，这样的盛景是在20世纪90年代之初，改革开放才刚刚起步。

盛世下的亚细亚，群星璀璨盛况空前。300位省部级以上领导来访，200多名影视明星名家到访，多次举办全国及国际性盛会。90 年代亚细亚与深圳南国、上海大光明影院并列全国三大知名影院，还曾是中国电影票价最贵的影院，即便如此，一度场场爆满应接不暇。亚细亚还是现代电影院线的摇篮，首任总经理包嘉忠[7]从亚细亚走出常州、走出江苏、走向全国，引领电影院线风骚 20 余年；一批亚细亚电影人开枝散叶，成为多个国内知名院线的骨干和掌门人。

亚细亚是中国唯一AAAAA级影院、AAAA级景区，观影人数超过 1 000 万人次，尽管亚细亚有众多的第一、唯一，也有太多资质、荣誉招牌，但市场无情，观众的满意度是试金石。曾经招牌的黄厅，因为采用的是非通用片源，虽从开业到停业前后历经了 8 年时间，但仅上演了《冰上情火》《泰国风情》2 部影片，《泰国风情》还是亚细亚自筹资金在泰国拍摄的。周而复始单调重复的老旧影片，让本地观众渐渐失去了兴趣，产生了无法抵抗的审美疲劳，也把对黄厅的新鲜感消耗殆尽。

2000 年，是亚细亚的一个节点，影城更名为影视城（图 24-2）。不仅对影城主立面进行了大尺度的更动，还对影城内部功能作了大幅度的调整。商场改为香槟大道、游戏厅和中餐厅；保留了游泳池，保龄球馆改为仓库。最大的改变是黄厅，

图 24-2 2000 年改造后的亚细亚影视城
来源：蒋钰祥摄

将净空挑高 20 米的大厅一分为二，上方改为今夜星辰演艺剧场，下方改为红、紫、黄、玉 4 个电影小厅，维也纳咖啡厅也同步改为电影小场。2002 年，今夜星辰演艺剧场又强势引入"黄金海岸"演艺大舞台，其他功能业态也几经调整，试图冲出低迷扭转乾坤，重振往日雄风再现高潮。无奈的是，亚细亚从热到冷以至到冰点，直到 2010 年前后，盛世不再，几乎停摆。

时代车轮滚滚向前，科学发现和技术进步，催生和推动包括电影艺术、影视院线、电子信息的迭代升级，以及商业业态的华丽转身。2000 年后，随着工业园区的开发、行政中心的北移、多个城市副中心的崛起，多功能多业态的商业综合体雨后春笋般地在不同板块、不同街区兴起，规模体量十倍甚至几十倍于亚细亚。这些综合体以新生一代年轻一族为消费推送主流，购物消费、餐饮住宿、健身休闲，吃喝玩乐无一不足，业态模式更丰富新颖、吸引力感染力更强，包括了小型化的剧场、多主题的影片和超豪华的座椅。综合体成为城市生活的新宠和乐园，在这里不论童叟长幼、不论少男熟女都能找到属于自己的消费方式和喜爱，可以让你或你的家人在这里足足待上一整天。与此同时，还身处老城区的亚细亚，逐渐远离了消费主力和消费商圈，不再进入公众百姓的视线，消费者尤其年轻一代以"热度""网红"为视野取向和追逐目标，他们不买"第一、唯一"的账。与时代脱节落伍、陈旧不堪的亚细亚在经历了辉煌的 20 年后走向了落寞。

时光流逝，30 年后亚细亚再次进入公众的视野。2023 年，常州城给了她新的机遇。在名为"亚细亚现代影视城"改扩建项目公示中，除了对原有老楼（A 座）改造更新外，还在老楼的北侧新征用地建设新楼（B 座）17 000 平方米，形成 AB 楼互通一体，并与周边的吾悦广场、江南商场地下通道相连接（图 24-3）。

改造提升后的亚细亚仍将不忘初心，以电影文化为特质主题，同时增设城市记忆展厅、智慧停车场以及游购娱新潮功能，成为青年休闲潮玩空间、城市唯一24 小时不夜城，这是权衡资源禀赋优劣、迎合消费潮流趋势、立足新时代提出的战略构想。期待亚细亚成为老城厢的新地标。

图 24-3　2024 年改造更新后的亚细亚影视城（效果图）
来源：亚细亚影视城

本章注解

1　"华表奖"，中国电影评奖系列中的政府最高奖，到目前为止，在北京之外举行的唯一的一次颁奖就在亚细亚影城。此外，全国节目主持人中最有影响力的重量级奖项——全国广播电视"金话筒"奖颁奖，首次离开北京也是在亚细亚影城。

2　1895 年，法国摄影师卢米埃尔兄弟在巴黎一咖啡馆，用活动电影机举行影片《工厂大门》首次放映，标志着电影的诞生。

3　托马斯·阿尔瓦·爱迪生（1847—1931），美国人，世界著名发明家、物理学家、企业家，被誉为"世界发明大王"，他发明的留声机、电影摄影机和电灯对世界有极大影响。

4　卢米埃尔兄弟，是法国的一对兄弟，哥哥是奥古斯塔·卢米埃尔（1862—1954），弟弟是路易斯·卢米埃尔（1864—1948），是电影放映机的发明人，兄弟俩改造了爱迪生所创造的"西洋镜"，将其活动影像能够借由投影而放大，让更多人能够同时观赏。

5　西奥多·凯斯（1888—1944），美国发明家，1917 年，首次利用红外线的光电

导效应，运用光导探测器做实验，通过与光子直接交互作用产生信号，研制成功了速度更快、更灵敏的亚硫酸铊探测器。

6　商业综合体，又称城市综合体。商业综合体是将城市中的商业、办公、居住、展览、餐饮、会议、文娱和交通等城市生活空间的三项以上进行组合，并在各部分间建立一种相互依存、相互助益的能动关系，形成多功能、高效率的综合体。全球第一家综合体是诞生于1956年的美国明尼苏达州的南谷购物中心；中国第一家商业综合体是1996年开业的广州天河城广场。

7　包嘉忠（1953—2011），从业35年，曾创建中国第一座多厅多功能电影院亚细亚影城，创建第一条隶属广电系统的江苏盛世亚细亚院线，创建当今中国第一实力电影院线——万达电影院线，是对推进中国影院市场化商业化具有里程碑意义的人物。

海关大楼

　　海关大楼位于广化街与劳动西路交叉口，建成于 1992 年。

　　对社会公众来讲，不少人多少年以来并不知道这里是海关，除了海关在这里办公的时间不长外，普通人对海关的陌生或许是原因之一。

　　海关是国家进出关境监督管理机关，是国家主权的象征。中国海关历史悠久，早在西周和春秋战国时期，古籍中已有关于"关和关市之征"的记载。秦汉时期进入统一的封建社会，对外贸易发展，西汉元鼎六年（前 111）在广西合浦等地设关。宋、元、明时期，先后在广州、泉州等地设立市舶司。清政府宣布开放海禁后，于清康熙二十三至二十四年（1684—1685），首次以"海关"命名，先后设置粤（广州）、闽（福州）、浙（宁波）、江（上海）四海关。1840 年鸦片战争后，中国逐渐丧失关税自主权、海关行政管理权和税款收支保管权，海关沦为半殖民地性质的机构，长期被英、美、法、日等帝国主义国家控制把持，成为西方列强掠夺中国的一个重要工具。直到新中国成立后，人民政府接管海关，对原海关机构和业务进行彻底变革，经历曲折的发展过程，逐步完善了海关建制。

　　过去人们对海关的认识停留在沿海口岸设立海关，而事实上新中国成立后相当长的一段时期里，内陆地区一般不设立海关。对外开放以来，内陆城市的外向度越来越高，进出口贸易、招商引资、走亲访友，随之带来的货物进出、人员进出、邮递包裹进出日益频繁，由此必须对包括通过海陆空口岸进出的货物、行李、物品包括运输工具等进行监管，并在监管业务集中的地点设立辖区海关，以便进出查验、征收关税、查缉走私、维护主权、彰显尊严。

1978年常州被国家列为对外开放城市，1985年又被国务院列为外国人旅游甲类对外开放区及对外经济开放区，尤其1984年国家实行新一轮外贸体制改革和出台鼓励外商投资的政策，紧随其后的就是进出口贸易的迅猛增长和外商投资企业的鱼贯而入，在这样的背景下，原来出口报关到南京、进口报关到上海的格局，无论从时间和效率上来看都已不相适应。海关的缺失、不便与窘迫，犹如改革开放初期，国际航班需要从香港转机，火车没有停靠站点需要去南京上海搭乘一样。一个城市有否口岸功能、是否设立海关机构，不仅关系外贸外资的通关效率和成本，更成为衡量一个城市投资环境的重要内容。

在常州的力争下，1988年9月国务院批准同意设立常州海关。经过3年的筹建，1991年12月26日，常州海关正式开关，隶属于南京海关，首任关长由南京海关委派。开关时，海关大楼还在规划和建设中，常州海关临时在局前街迎春大楼办公。

海关大楼最初选址在常澄路（今通江中路）西红梅乡红菱村常工院对面，因附近上空有高压线经过，担心对计算机房运行有影响而调整到广化街与劳动西路东北拐角一侧建造。因为地处两条主干道交通节点，大楼按照"对景设计"的理念，有机处理建筑与城市道路的关联，在车水马龙的来往交通中感受大楼的存在。大楼占地面积2 300平方米，主楼建筑面积3 500平方米、7层，用于业务办公，沿广化街一侧与主楼相倚建有高4层、2 500平方米的副楼[1]用于职工宿舍。大楼总投资550万元，由常州建筑设计院设计，中房常州公司代建，江阴建筑四工区承接施工，于1991年5月18日破土动工，1992年底竣工，1994年4月正式启用（图25-1）。

值得一提的是，因为海关的特殊性，海关的后勤保障由地方提供。尽管中房公司作为当时的代建单位，但背后大量的牵头协调由当时的开放办（现口岸办）承担。尽管大楼总投资仅550万元，但对于90年代初财力还不到10亿家底的常州来讲也是捉襟见肘。为了筹集建设资金，按照"谁受益谁承担"的原则，除了所辖溧阳金坛分别出资外，还对进口免税企业、外贸出口企业以及中外合资企业进行了适度的政策性收缴。"众人拾柴火焰高"，从这个意义上说，是企业把海关"抬进"了常州，请进了常州。

因为有海关，进出报关更方便快捷了，最直接的得益者是进出口企业。1991 年常州海关开关时，常州口岸还没有正式开放，如何将包括上海在内的沿海口岸的进出货物在常州报关查验、开拓转关运输业务成为当务之急。在海关许可和地方的配合下，开关当年 12 月就在外运公司三官塘仓库、延陵东路仓库和火车站货场仓库三地挂牌建立海关监管仓库，打通了常州与口岸之间的货运渠道，进出口企业实现了真正意义的就地报关查验，降低了企业运输成本，减少了企业来回上海、南京等地的奔波，大大节省了通关时间。

1992 年武进一企业从海外进口塑料粒子并在深圳笋岗口岸进关，通过常州关与深圳关协调，货物直接从口岸运输到常州监管仓库报关查验，纾解了企业生产急需的燃眉之急。常州一服装厂出口俄罗斯一批羽绒服装，在常州出口报关后运

至连云港口岸，直接通过亚欧大陆桥运到俄罗斯，避免了多次周转周折以及由此带来的高昂运输费用。在常州开关后的 3 年多时间里，常州海关与全国口岸海关协商联络，构建了与主要口岸几十条运转高效、监管严密的转关运输网络，还实现了转关运输常州报关 3 天内获取出口退税报关单的承诺，以效率和效益有力支持进出口企业的经营活动，为早期的外向型经济提速发展创造了不可或缺的条件。

网络信息技术的更新升级，为异地信息互通和通关监管提供了新的手段，为企业进出口带来了机遇和福音。2010 年以来，先后在长三角地区、长

图 25-1 建成之初的海关大楼
来源：蒋钰祥摄

江经济带关区以及京津冀、广东等地关区形成了区域通关一体化、多极化联动的新格局，常州海关率先融入主动对接，吸引更多原先在外地外埠报关的企业回流本地，为本地企业消除了货物转运分流、查验异常处理等制约通关效率的瓶颈障碍，用境内的效率换回境外的效益，助力企业在激烈的国际贸易博弈中保持竞争优势，稳住来之不易的客户资源和市场份额。

因为有海关，口岸功能完备了，外轮靠港了，航班飞国际了。早在 1992 年常州就提出了"连江通海"的发展战略，开发建设长江常州港并成为一类口岸[2] 就是实现"连江通海"、走向世界的关键工程。1997 年长江常州港万吨级通用码头建成投运，第二年的 8 月，经海关总署等相关部门批准，新加坡"特莎"轮靠泊常州港，成为二类口岸[3] 批准后进港的第一条外籍船舶。2001 年 4 月 25 日，国务院批准常州港为一类开放口岸，包括前后成立的常州海事处和常州边防检查站，与海关一起构成了口岸查验联检机构，经国家验收组实地查验，2003 年 4 月 1 日，常州港一类口岸正式对外开放，常州港成为外籍货轮能直接进出的国际码头。此后常州港持续停泊外轮，仅 2009 年 2 月和 3 月，常州港就先后迎来了吨位超过 7 万吨的巴哈马货轮"自豪号"和马绍尔群岛船舶"丰收号"。

海港通了接下来就是空港。2010 年前后，常州奔牛机场进行了大规模的升级改造，从功能硬件上朝国际机场迈进了一大步。从机场改造前开始，经过长达 10 余年的不懈努力，2014 年 7 月 31 日，常州奔牛机场口岸开放通过了国家级验收，海关与边检、国检[4] 并肩携手完备了机场口岸查验功能，9 月 25 日，东航班机首航常州—香港—常州航线，当年 11 月 20 日东航又首航韩国首尔，次日，韩国真航空班机首飞奔牛机场，从此在国际机场序列里有了常州奔牛机场的名字。如果说，港口码头的连江通海，服务的是货物商品，那机场空港的国际航线，迎来送往的则是中外旅客，在这个过程中，因为国家主权的需要，海关必须铁面无私公正执法，严防走私及携带违禁物品，杜绝有害物种和病虫害潜入国门；因为服务企业和便利人员出入境，又必须最大限度地守住底线不踩红线。无论空港海港，没有海关守门，门户就不可能开放，人流物流就不可能有序进出流动。

因为有海关，出口加工区建了，城市能级提升了。出口加工区[5] 是国家划定或开辟的专门制造、加工、装配出口商品的特殊工业园区，其产品全部或大部供出口，因为对进口加工制造的原辅料件保税、免税或减税，更加适应"大进大出、快进快出"商品的加工和出口的需要。出口加工区不仅是吸引外来投资、扩大外贸出口的"利器"，也被视作城市能级的重要一极，由此在外向型经济如火如荼的 21 世纪初，全国各地纷纷向以海关为主理机关的国家高层申请设立，"跑步进京"，拼抢竞争异常激烈。难能可贵的是，2005 年 6 月和 2009 年 6 月，经国务院批准分别在常州高新区和武进高新区设立了两个出口加工区，这在全国地市级中为数极少，武进出口加工区还实现了当年申报、当年批准、当年建设、当年封关的"四个当年"，为全国绝无仅有。出口加工区不仅货物进出海关监管不可或缺不可逾越，在出口加工区的设立和协调争取中，海关更是关联最大，他们没有辜负地方政府的期待和项目投资商的期盼，不等待不懈怠，终于圆梦。今天两个出口加工区已经蝶变升级为类似自贸区"初级版"的综合保税区[6]，为常州制造融入全球产业链供应链增添了通道和实力。

一路走来，海关在服务地方和企业的过程中，自身也在不断变化和调整中，先后在溧阳、武进、金坛成立或设立派出机构。常州高新区外资企业集聚度高，加工

图 25-2 位于河海中路的原海关大楼
来源：常州海关档案馆

贸易、进出口贸易种类繁杂面广量大，海关为此移师北上就近服务。2003 年 1 月，海关从广化街整体搬迁到新北区河海中路 85 号，即高新区原管委会大楼办公（图 25-2），时隔 4 年后的 2007 年 1 月，又整体搬迁至新北区新竹路 2 号，紧邻出口加工区（图 25-3），2018 年，国检转隶海关，"关检合并"，海关又整体入驻龙锦路原国检大楼（图 25-4），至此，刻有海关关徽[7]的海关大楼翻开新的一页，开启新的征程。

位于广化街的原海关大楼经过 2022 年的全面出新焕然一新，整体结构保持原样，乳白色的外墙立面遵从了 30 年前初建时的原貌，虽貌不惊人但阳光朝气挺拔秀气。乐见的是，大楼现在为钟楼辖区托管并被科创园区使用，继续她的使用价值（图 25-5）。

当下，海淘、全球购、跨境电商等新的经营业态扑面而来，大批国人进出国门，或留学或经商或旅游，海关与百姓生活由原来的陌生变为面对面，生活的日常和方方面面与海关的关联度介入度越来越深。对海关的遵从，不仅是对国家主权的敬畏，更是对公民自身权益的最大保护。

图 25-3 位于新竹路的原海关大楼
来源：常州海关档案馆

图 25-4 位于龙锦路的海关大楼
来源：常州海关档案馆

图 25-5 广化街原海关大楼（摄于 2024 年）
来源：常州市建设摄影协会

本章注解

1　副楼，一次规划但囿于资金，作为二期才动工建造，副楼与主楼间看似整体，其实中间隔有一堵墙，是两个互不关联的建筑体。

2　一类口岸，是经国务院批准开放的口岸，对中国籍和外国籍人员、货物、物品和交通工具开放进出。

3　二类口岸，经省级人民政府批准，仅允许中国籍人员、货物、物品和交通工具以及毗邻国家双边等开放进出，外籍船舶可通过"一船、一报、一批"的方式入港靠泊。

4　国检，即中国商品检验检疫局，2018年与国家海关总署合并，成为海关的组成部分。

5　出口加工区，始于20世纪50年代，60年代以来在亚洲和南美洲的发展中国家迅速兴起，世界上第一个出口加工区是1956年建于爱尔兰的香农国际机场。中国于80年代实行改革开放政策后，沿海城市开始兴建出口加工区。

6　综合保税区，是指设立在内陆地区的具有保税港区功能的海关特殊监管区域，由海关参照有关规定对综合保税区进行管理，执行保税港区的税收和外汇政策，集保税区、出口加工区、保税物流区、港口的功能于一身，可以开展国际中转、配送、采购、转口贸易和出口加工等业务。

7　海关关徽，由一把商神手杖和一把钥匙组成。商神神杖，古希腊神话中赫尔墨斯的手持之物，被人们视为商业及国际贸易的象征；钥匙，则是海关把守通关大门的权力象征。

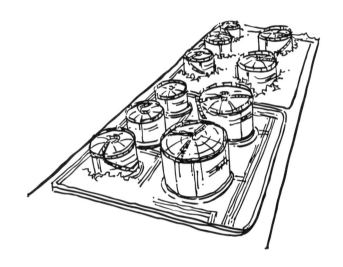

五星储油罐

　　最早时期，汽车的动力是靠蒸汽来实现的。直到 1854 年美国工程师西里曼（Benjamin Silliman）发明了石油的分馏方法，成功提炼了汽油、煤油、柴油。此后的 1883 年，德国发明家戴姆勒（Gottlieb Daimler）研制成功了第一台以汽油为燃料的内燃机，紧接着 1886 年德国工程师卡尔·本茨 (Karl Friedrich Benz) 获得了世界上第一辆汽油作燃料的汽车专利权，由此汽车作为具有划时代意义的交通工具横空出世，也为汽车工业的诞生以及汽车的普及奠定了基础。20 世纪初期，汽车工业在美国及欧洲兴起，为之服务的油库和加油站也在美国相继诞生。

　　20 世纪二三十年代，汽车进入上海、北京等地，但数量十分有限。加上中国城市化进程较晚，汽车大规模进入百姓家庭更是在进入 21 世纪之后。20 世纪五六十年代，对燃油的需求除了北上广以及南京、沈阳、成都等区域中心城市，以工业及运输为主外，广大的农村和大多城市家庭对燃油的需求则是微乎其微。

　　工业革命之前，人类的农业劳作方式都没有太大的变化，面朝黄土背朝天，用人力或者畜力在土地上耕作，汗滴禾下土是农民们辛苦的写照。工业革命后，蒸汽机、水力机械的使用，改变了农业劳动的模式。60 年代初，毛泽东主席提出"农业的根本出路在于机械化"。在以手扶拖拉机为农业机械化象征的年代里，国家组织对柴油机攻关。1967 年春，中国人用自己的智慧和双手设计制造的第一台 S195 柴油机启动成功。此后以 S195 柴油机为主动力的农业机械化在中国广大的农村铺开，耕地、浇灌、运输，包括村办乡办工业，从 70 年代开始，对柴油、汽油的需求形成了一波高峰。

常州是传统的稻米小麦生产地区，连片平整的水稻秧田为机耕作业、水利灌溉提供了广阔的空间，加上常武地区农民勤劳智慧，市场嗅觉灵敏，村办乡办企业起步早发展快，自发电、跑运输等等，所有这些都离不开燃油的供给，而汽油、柴油能否确保足量、及时供应成为当务之急。建于五星大桥（现龙江高架）西侧、大运河南侧的油罐（以下简称五星油罐），正是为这一波的迫切需求而建。

油罐是 19 世纪 60 年代发展起来的一种储存石油及其产品的设备。自从 1854 年发现燃油之后，最初的木质容器便开始被钢制容器取代。最初是以铆接的形式制作的钢制罐，之后随着技术的发展出现了焊接钢制储油罐。而储油罐集中的单位和企业又称为油库，油库承担了为工农业及运输"输血"的任务，从这个角度看，油库是城市"老工业"代表之一。

始建于 1973 年的五星油罐，由原武进煤炭石油公司（后并入中国石化江苏常州分公司）投资建设。这些油罐是分批建造的，第一批于 1973 年建造，包括 3 个 1 000 立方的油罐和 20 个 50 立方的卧式油罐；第二批是在 1978 年建造的，包括 2 个 3 000 立方的油罐和 6 个 100 立方的特号油油罐；第三批在 20 世纪 80 年代初建造，包括两个 2 000 立方的油罐，第四批建于 1998 年，包括 1 个 5 000 立方的油罐，共计 34 个立卧式油罐。目前，保留下来的立卧式油罐共计 15 个（图 26-1）。

第一批油罐从 1973 年初开始施工，当年年底完工，耗时前后整一年。因为镇江谏壁油库[1] 设立时间早、有经验，所以工程委托镇江谏壁油库的技术人员来施工。罐体由钢板板材制成，施工时先把钢板卷材拉直，然后焊接拼装，最后焊接成一个整体。这批油罐是常武地区第一批油罐，建成后的油库也是常武地区最早的油库。

五星油罐（库）地处当时的城市西郊，与它相邻的是在大运河北侧一字排开且当年鼎盛的机床厂、客车厂、变压器厂等机械装备行业的龙头企业，除此之外周边就是广袤的农田。几十个银白色的油罐错落高低地耸立在郊外显得分外抢眼夺目，而"油库重地、闲人莫进"的牌子让这里平添了几分神秘感；但燃油的稀缺让这里成为多年的"打卡地"，又使得在这里工作的员工有天然的自豪感和优越感。

当时"僧多粥少"、供需矛盾突出，仅有的零星加油站"杯水车薪"。对油的"渴"望迫使人们对油库趋之若鹜，油库门口常常见到拎着油桶、排着长队的买油队伍，排队等开门成为常态。在维持了一段时间后，为安全和减缓压力起见，油库自行购置了油罐车，从 2 辆增加到最多时的 13 辆，此后还增加了运送柴油的运输船，为周边重点乡镇和企业运送燃油，尽管购油压力稍有缓解，但仍是捉襟见肘疲于应付。

让人头疼的是冬夏两季。寒冷的冬季，受制于当时的炼油技术，冬天柴油的"冰点"（冷凝点）低，柴油因冻结块而失去流动性。一船 60 吨的油，夏天只需要几个小时就能完全抽到油罐里，而在冬天要忙上三天三夜，直到 80 年代初，随着我国炼油技术的提高，才解决了柴油在冬天容易被冻的难题。为把柴油融化，油库新建了锅炉房和蒸汽管道，为待卸船上的柴油加热，直到油块融化后才能把油顺利地抽储到油罐里。也同样是因为炼油技术的原因，从上海购买的 66 号汽油已经是当时标号最高的汽油，但抗爆指数低，需要进行人工前置调剂，经调剂后的汽油才能储存到油罐里供用户使用。尤其夏天，人工调剂的过程气味刺鼻难忍，防护用品又

图 26-1 改造前的五星油罐鸟瞰
来源：常州市园林设计院

仅仅是口罩手套等简陋用品，但当年"一不怕苦二不怕死"的精神让油库员工度过了那段寒来暑往的艰苦岁月。

70年代末，原武进煤炭石油公司根据业务归属的不同分成武进燃料公司和武进石油公司。1999年，武进石油公司并入中国石化常州分公司（简称常州中石化），而五星油库也在汽车时代的"大石油"面前显得"力不从心"难以为继。

2009年6月，成品油苏南管线[2]开工建设，2011年2月建成投用，供应常州中石化约87%的油品[3]，而同步建设的中石化常州钟楼油库总容量89 000立方，年吞吐量220万吨，是常州区域最大的中转库，以超大规模体量、进储出全程自动化和智能化，成为常州地区成品油供应的"巨无霸"。随着钟楼油库的投入使用，五星油库完成了它在特定时期的使命任务，到2009年底停止了原有的收储运功能。

与油库同样吃紧的还有直面汽车的加油站。常州市区最早的加油站是建于1969年的虹桥加油站，其前身是虹桥石油门市部。当年的加油站"门前冷落鞍马稀"，因为加油车辆稀少，门店中午关门打烊，员工可以回家吃饭午休。随着汽车进入家庭以及大众化的普及，尤其是2010年后汽车的保有量以几何级数增长，推动加油市场急剧升温急速扩张，不仅加油站数量逐年倍增，加油枪也从单枪双枪更新为当下的六枪八枪。而随着新能源汽车拥有量的日新月异，倒逼传统加油站转型蝶变，由单一加油转变为加油加气充电加氢的综合能源服务商，有的还叠加社区便民服务功能。加油站除了中石化、中石油主营外，还有众多社会资本投资进入，使布局更合理、服务更便捷，以满足日益增长的快节奏多元化的消费需求。

油罐作为工业遗存，记载着曾经的历史。2021年9月，钟楼区结合大运河文化带提升工程启动对油罐的改造工程，保留了其中的立卧式油罐15个，对停用近15年、外观斑驳陈旧的保留油罐重新刷漆翻新，并添置了灯光照明，对油罐周边进行了绿化美化亮化，围绕油罐工业遗存特色空间，还植入游购娱元素、引入特色商家，在岁月怀旧的同时展现时代新潮气息。

2022年3月，油罐公园在大运河边崭新亮相（图26-2）。入夜，在灯光的映衬下，灰白色油罐格外迷人，吸引了不少市民和"油墩墩"同框打卡，别有一番情趣。

图 26-2 油罐公园（摄于 2024 年）
来源：常州市城市建设档案馆

本章注解

1　镇江谏壁油库，为江苏历史最悠久的油库之一，是省内较大的成品油中转库，曾担负着苏南、苏北等多地市成品油供应。

2　成品油苏南管线，始于金陵石化，途经南京栖霞油库、镇江谏壁油库、常州钟楼油库、无锡周泾巷油库、江阴长山油库，终于苏州通桥油库。金陵石化生产的汽油通过管道输油成为苏南地区成品油供应重要方式。

3　常州中石化另外一座油库是位于溧阳的后袁油库，后袁油库的供油方式全部通过水运，占常州地区中石化油品的 13%。

浦北煤气罐

　　在今天熙熙攘攘的浦前西路 1 号，耸立着一个庞然大物——一个圆柱形的钢铁巨罐，迄今已有近 40 年的历史，它就是建于 1984 年的南郊浦北煤气罐。

　　1812 年，被称为"煤气工业之父"的苏格兰人威廉·默多克（William Murdoch）[1]，在伦敦建成了世界上第一座煤气制造工厂，最初仅用于室内和街道的照明。1855 年德国化学家罗伯特·威廉·本生 (Robert Wilhelm Bunsen) [2] 发明了引射式燃烧器，才使煤气在居民生活中得到应用。清同治四年（1865），中国首家煤气工厂上海杨树浦煤气厂建立，应用英国燃气照明技术为租界提供照明服务。直到 1925 年 11 月，长春成立瓦斯制造所，以低压方式供气为当地日侨服务，成为亚洲第一个拥有管道煤气的城市。

　　在遥远的古代，常州先民和华夏子民一样以柴草和秸秆为生活用燃料。直到清末，城内铁铺、澡堂、老虎灶[3]、糟坊商户开始使用燃煤。从 20 世纪 50 年代到 70 年代，城市居民先后以小煤球和蜂窝状煤球作为生活燃料，虽然烟火气过重但别无选择。当时煤炭供需矛盾突出，还长期实行凭票定量供应。70 年代后，上海、南京等大城市开始使用人工煤气和液化气[4]，其清洁、方便、快捷令人羡慕，蓝幽幽的火苗勾起人们对美好生活的向往。

城市让生活更美好，1980 年是常州城市人工煤气的元年。这年的 2 月 12 日，由位于当时常州西郊怀德桥堍的常州炼焦制气厂 [5] 炼焦而产生的焦炉煤气，在当年春节前夕首次向位于炼焦厂附近的常柴新村 [6] 48 户居民供气，当时共敷设直径 400 毫米的煤气管道约 500 米，开常州民用管道煤气之先河。居民无不为之欢欣鼓舞奔走相告，一时成为市民茶余饭后热议的话题，当时的气价仅每立方米 0.08 元。

1980 年向城市居民生活供气，是十年磨一剑的结果，其实炼焦制气工程早在 1970 年就开始启动，雏形来源于 1970 年 11 月在砖瓦厂内设立的焦化车间。随着"61 型"一号焦炉（一期工程）在次年 7 月的建成，除提供冶炼、铸造企业所需的焦炭产品外，将回炉煤气直接供轮窑烧砖和食堂炊事。1976 年 11 月焦化车间脱离砖瓦厂，成立常州炼焦制气厂。1978 年 4 月投产的二号焦炉，除了进一步提升焦炭生产能力外，利用焦炉余气发展城市煤气的指向导向更加明确。1979 年 6 月市政府从城市建设费中拨款 50 万元，专门用于焦炉煤气回收配套工程，这是常州城市煤气建设工程史上第一次专项拨款，标志着煤气作为民生暖心工程闪亮登场，将与百姓生活为伴，给城市增加温度和温情。至 1980 年底，共有通气用户 186 户，常州煤气公司也正式挂牌成立。此前的 1979 年 12 月 27 日，炼焦制气厂还敷设管道 300 米，向仅一路之隔的常州勤业塑料厂锅炉供气成功，使其成为常州市第一家管道煤气工业用户。

随着二号焦炉的达产运营，日供气量由一号焦炉的 1.6 万立方米／日提升到 8.77 万立方米／日，到 1983 年底居民用户超过了 1.5 万户，发展快速。由于城市居民使用煤气具有时段性和波动性特点，一日三餐时段是用气高峰，节假日特别是大年三十更是达到顶峰。随着用户的增多、覆盖面的趋广，如何储能与调峰，平衡峰值与峰谷，成为现实问题。

根据行业内的既有经验，当时解决储能与调峰问题的现实办法是建造煤气罐。煤气罐在业内被称为气柜，有干式气柜和湿式气柜之分。其实在对二号焦炉规划设计时就已经充分考虑了包括气柜在内的相关配套工程。

建于南郊浦北的煤气罐，由冶金部北京钢铁设计研究总院设计，上海中华造船厂承建和安装，为湿式螺旋煤气罐。气罐中心直径 44 米，最高位 52 米，最大容量 5.4 万立方米，占地面积 1 532 平方米，钢材用量 856 吨。罐体全部采用钢板和型钢焊接结构，罐本体有水槽和四个升降塔，每层面积 1 520 平方米。气罐顶部为半球形顶盖，上部结构为单层筒式容器，底部设有水封环形槽以密封，运行压力 1.3—3.3 千帕。安装工程从 1984 年 1 月启动，6 月底即全面竣工，试升降合格，12 月正式投入运行。包括此前的 1981 年和此后的 1991 年、1994 年，为合理调峰，在城市的中南西北方位先后建造了四座煤气罐[7]，总储气能力达 16.8 万立方米。这些圆柱形的巨罐，以其超大的容量"吐故纳新、迎来送往"，除了罐体会随着气源的多少缓慢升降起伏外，它伟岸挺拔又默默无闻，不惧严寒酷暑无畏狂风暴雨，与城市一道迎曙光送晚霞，成为城市公共资源供给不可或缺的一员（图 27-1）。

　　气罐确保了气源的足额和平衡，储气和调峰的作用是显而易见的。每当如大年夜这样的特殊日子，在家里做一桌年夜饭是超乎寻常的重头戏，因为那是辛劳忙碌一年后满心的等待，因为那是思乡游子阖家团聚的日子，因为在整个 80 年代还很少有家庭下馆子饭店吃年夜饭。傍晚掌灯时分，煤气人既兴奋又紧张，兴奋源于用气高峰不断被刷新，紧张在于不能因为供气失常而让居民百姓失望。煤气人舍小家为大家，守望的是万盏灯火下万千家庭的团圆幸福。蓝幽幽、焰呼呼、越烧越旺的炉火，给居民百姓带来的不仅仅是对味蕾的满足和内心的欢喜，更是对来年的期待

图 27-1　建成初期的煤气罐
来源：常州港华燃气有限公司

和憧憬。多年以来，常州供气由起初的煤气公司到 2003 年以后的港华公司[8]，始终如一的便民惠民服务，带给居民百姓的感受和体验是愉悦和暖心的。

欣喜之余，市民每每路过气罐这样的庞然大物，总有是否安全的疑虑，尤其是相邻小区和周边居民。其实早在工程设计时就对气罐的安全运营加大过"保险"系数，因为罐内压力远远大于罐外气压，即使气罐外有零星明火，只要扑救及时，通常情况下不会酿成爆燃。加上严格的安全管理措施和日常监控，气罐与煤气供应始终安然无恙，与百姓生活朝夕相处，与城市繁荣进步相伴相随。

此后，为适应城市化快速发展的进程，1989 年 12 月，在西郊新闸开工建设了更大规模的炼焦制气工程，并定名为"常州煤气厂"，1994 年 10 月一期工程竣工，直到 1999 年 1 月先后完成了两期工程，具备了日供气 30 万立方米的能力。时过境迁，在两期工程结束具备达产能力后仅仅不到 5 年，城市的燃气来源发生了蝶变。

2003 年，国家实施"西气东输"工程[9]，城市燃气进入天然气时代，至此人工煤气结束使命，迭代谢幕。2009 年，常州又迎来了"川气东送"工程[10]。"两气"压力强劲、"气势汹汹"，常州在天宁建立了青龙门站、在新北春江建立了青城门站，分别接纳"西气"和"川气"。天然气与人工煤气相比具有更清洁、燃烧值更高的优点，但由于天然气每立方米热值相当于 2.3 立方米人工煤气，灶具会产生超大火焰，为此从 2004 年开始了包括所有用户灶具置换在内的天然气置换工程，并在 2005 年完成了市区 13 万居民用户、228 家工商用户的天然气置换。

随着天然气输送技术的日臻完善，以及城市化进程的加速推进，煤气罐的功能和作用日渐萎缩，为此先后拆除了位于三井的一座，以及原煤气厂区内的两座煤气罐。位于浦北的煤气罐还曾继续为天然气的储存、调峰及输送运营服务。随着城市天然气调峰能力的不断完善，煤气罐最终失去了原有的调峰功能，2017 年与天然气管网断开连接，罐中残余气体已完全处置，罐体顶部已开孔与外界联通，并降低罐体高度，由原 5 层缩降至 1 层，目前处于空置停用状态（图 27-2）。

作为曾经的城市记忆和工业遗存，煤气罐何去何从？

作为煤气罐主体单位的港华公司，近年来曾邀请国内知名高校对浦北煤气罐更新改造提出了概念性改造方案和项目建议书，尝试通过整体规划、功能升级，对该地块实施工业遗存项目保护性开发，打造创意产业园区，但因多方面原因，未能进一步推进实施。

　　幸运的是，煤气罐至今还在。期待留着城市烟火痕迹和温度的煤气罐延续着她的余温，向后人留下这一段可触摸的历史。

图 27-2　浦北煤气罐（摄于 2024 年）
来源：常州市建设摄影协会

本章注解

1　威廉·默多克（1754—1839），19 世纪苏格兰发明家，曾经为瓦特的工厂效力，发明了煤气、瓦斯灯、鱼胶、蒸汽引擎车头、气动力焊枪、钢水泥、合成燃料、综合塑料制品等。

2　罗伯特·威廉·本生（1811—1899），德国科学家、发明家，他先后发明了本生电池、本生灯、光谱分析仪及金属的电解制法，发现铯和铷元素。由于杰出成就，他先后被英国、法国和德国科学院授予外籍会员和通讯院士。他一生淡泊名利，为了事业终生未娶。

3   老虎灶是江浙一带的古老传统。老虎灶以形状而得名，因为有一个翘起的"尾巴"和灶头。最初盛行老虎灶的时候还没有煤、煤气等方便的燃料，所以为了节省成本，就有了这么一个专门供应热水的地方，还附带卖茶水。老虎灶全部由人力来完成，如木桶挑水、舀水、人工烧火等。

4   液化气，全称为液化石油气，由于其热值高、无烟尘、无炭渣，操作使用方便，受到城镇居民的青睐。1977 年 2 月，常州液化气向首批用户 65 户供应 10 公斤瓶装液化气，对象为市领导、中高级知识分子、统战对象以及劳动模范，俗称"红本"计划用户，在当时普通百姓使用液化气则是一种奢望。1985 年起，为适应市场需求，又有了企业和个人出资、液化气公司负责供气的"集资户"和企业自行联系气源、由液化气公司代供的"代管户"，分别供应 10 公斤或 15 公斤瓶装液化气。20 世纪八九十年代，每当换气的时候，在后面架子上斜挎着钢瓶的自行车在城市中穿行，不仅是一种家底殷实的象征，还是一种身份地位的标签。

5   常州炼焦制气厂，其前身为常州砖瓦厂，现为怀德园小区。

6   常柴新村与当时的焦化厂相邻，现为会馆浜的凯悦小区。

7   1981 年 1 月，在焦化厂内，投入运行第一座 1 万立方米湿式螺旋气柜；1991 年 11 月，在三井西小村西，投入运行第三座 5.4 万立方米湿式气柜；1994 年 1 月，在新闸唐家塘焦化厂内投入运行第四座 5 万立方米干式气柜。

8   港华公司，即常州港华燃气有限公司，由常州燃气热力总公司与香港中华煤气国际有限公司合资组建，2003 年 1 月核准登记成立。香港中华煤气国际有限公司成立于 1862 年，是香港第一家公用事业机构。

9   "西气东输"，我国距离最长、口径最大的输气管道，西起塔里木盆地的轮南，东至上海。全线采用自动化控制，供气范围覆盖中原、华东、长江三角洲地区。东西横贯新疆、甘肃、宁夏、陕西、山西、河南、安徽、江苏、上海 9 个省（区、市），全长 4 200 千米。

10   "川气东送"是我国继西气东输工程后又一项天然气远距离管网输送工程，该工程西起四川达州普光气田，跨越四川、重庆、湖北、江西、安徽、江苏、浙江、上海 6 省 2 市，管道总长 2 170 千米，年输送天然气 120 亿立方米。川气东送工程是继三峡工程、西气东输、青藏铁路、南水北调之后我国第五大工程。

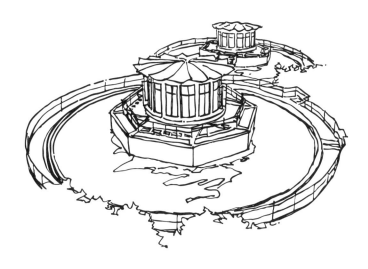

清潭污水处理厂

在车水马龙的长江路与清潭路的西北角，有一个名不见经传的工厂，一个默默无闻的特殊工厂，它就是建于1981年的清潭污水处理厂（以下简称清潭厂）。

改革开放前，常州城市建设欠债多，受市县同城、城郊狭小等因素的限制，常州市区城市空间局促，城市框架无法拉开，1980年城市建成区面积仅27.8平方千米。70年代后期，随着大批上山下乡知识青年和城镇居民下放农村人员返城，大量人口向市区集聚，使得本来就不大的市区更显拥挤。市区总人口由1975年的40.48万人猛增到1979年的46.1万人，人均住房面积由1975年的3.63平方米降至1979年的3.3平方米，大多数家庭拥挤不堪、居住条件简陋破旧，甚至在罗汉路、红梅路一带还出现回城知青和下放户在人行道、绿化带搭建棚舍住宿的极端现象。尽管政府采取积极措施，在浦北地区建造数百间简易房屋，安置下放回城户，但僧多粥少，仍远远不能满足需要。

为解决居民住房迫切需求的问题，在1981年建成11万平方米的花园新村后，同年政府又规划并启动在清潭片区建设规模超过30万平方米的清潭新村。根据规划，新村建设以居住适宜、经济实用为宗旨，水、电、煤气集中配套供至每家每户，每户住宅均配套单独厨房、卫生间。在当时的经济实力和物质条件下，这些配置开启了城市住宅新时代，使这些小区成为令人羡慕的高品质住宅小区。

难能可贵的是，40前的城市决策者在对清潭新村进行总体规划时就把规划建设污水处理厂作为重要组成部分，一次规划，同步推进。相继实施了清潭厂区构筑物及工艺管线，清潭路、西环路进厂污水主干管网，清潭、花园、勤业等污水提升泵站及输送管线等系列配套工程。在污水主管网的建设中，还率先采用钢筋混凝土管道，是国内城市中最早、最为彻底地运用国际通行的雨污分流[1]建设的项目。

常州最早的排水设施始于1917年，实业家卢锦堂[2]捐资修筑大南门直街至双桂坊道路时，开挖简易下水道，此后城区主要道路及街巷也相应修筑。至新中国成立前夕，市区下水道长18.2千米，多系小口径瓦管和砌砖小方沟，由于缺乏管养，堵塞严重。1954年开始，城区下水道开始用混凝土管铺筑，60年代，城区敷设使用大口径混凝土圆管和预制装配式马蹄形混凝土管，直到70年代末，城区下水管道长145千米，但均为合流制的排水系统[3]。

清潭厂因清潭新村而建，但同时又充分考虑了服务辐射半径，为此同步配套建有周边花园、勤业、陈渡新苑、叶家浜、白家浜、会馆浜等10余座污水提升泵站，服务区域包括清潭、花园、勤业、白云、怀德苑等居民生活小区，服务面积约20平方千米，服务人口约30万人。整个厂区占地面积从一期的9.9亩到四期竣工时的42.3亩，建筑面积3 300平方米，构筑物面积7 600平方米，经处理的尾水排入临近的南运河（图28-1）。

水资源是一个循环的整体，污水处理的需求是伴随着城市的诞生而产生的。近百年来，随着全球城市化进程和工业化进程逐渐加快，水污染情况不断加剧恶化，对水体资源造成了伤害、构成了威胁，有的甚至是不可逆转的，许多水生植物以及鱼类绝种或到了濒危的边缘，向人类敲响了警钟。水体资源的生态修复不仅投入巨大，而且是长期的持续的艰难的过程。为此，以欧美发达国家为主力，在20世纪初就加大了水污染治理力度。1923年建成的上海北区污水处理厂作为中国第一座城市污水处理厂，拉开了中国近代污水处理的序幕。

而城市污水处理技术，历经数百年变迁，从最初的一级处理发展到现在的三级处理，从简单的消毒沉淀到有机物去除、脱氮除磷再到深度处理回用。污水处理技术的每一次发展与进步，既是科学与技术集成的结果，也为人类的发展和城市的

图 28-1　80 年代初的清潭污水处理厂
来源：常州市排水管理处

进步提供了必不可少的动力。进入21世纪以来，中国在学习借鉴国外先进技术的同时，全面加大了水污染处理力度，2002年国家出台了首个城镇污水处理厂污染物排放标准（GB 18918），规范了行业准入和行为，降低了排污风险，污水处理的能力和水平得到了显著提升。同时还将污水处理作为节约原生水体资源的重要手段，推动污水资源化利用，推广再生水用于市政杂用、工业用水和生态补水。

　　建设清潭污水处理设施，作为清潭新村及花园、勤业等相邻小区污水归集处理的中心，不仅摒弃了老城区原始的污水直排入河，也淘汰了落后的化粪池，同步实施小区排水管道雨污分流，使小区环境更卫生更环保，有效提升了建成小区的面貌，还最大限度地节约了水体资源。清潭厂正是为解决早期城市化进程中出现的居住集中、排放集中的困境而采取的有效应对之策，从40余年的实践和效果看，这是规划超前、科学理性、利国利民的实事好事。

　　清潭厂分四期建成，一期工程于1981年6月开工建设，设计处理规模5 000吨/日，工艺采用合建式表面曝气活性污泥法，于1982年3月一级处理建成投运，1983年6月二级处理部分建成投运，设计单位为上海市政设计院，施工单位为常州市政工程处（常州市政工程公司前身）。建成投运后的清潭厂早期由常州市政养护管理处负责运行管理，1992年后由常州排水管理处管理运行。尤其值得自豪的是，清潭污水处理厂是新中国成立后江苏省最早建成投运的二级生活污水处理厂。

二期、三期工程分别建于1990年和1997年，设计处理规模为5 000吨/日,处理工艺为鼓风曝气活性污泥法；四期建于2000年，设计处理能力为15 000吨/日,处理工艺采用具有脱氮除磷功能的A2O工艺，四期建成后的总处理规模达到30 000吨/日。三、四期设计和施工单位分别为常州市政设计院和常州市政工程公司。一期因表面曝气活性污泥法运行设施陈旧，处理工艺达不到新的排放标准，2001年底停止运行。二期、三期通过仿A2O改良后运行，在近20年的时间里持续承担了服务区域内污水处理任务。随着太湖流域城市治污排放标准的提高，二、三期因为难以适应一级A标准的排放要求，于2009年底停运。

2009年11月至2010年5月，清潭厂采用常州排水管理处与国家城市给水排水工程技术研究中心共同研究的先进技术成果，对四期进行了针对性的技术改造，2010年6月起重新恢复运行。与此同时，为改善周边地区水环境和居民生活环境，从2010年起清潭厂开全省先河，将处理后的优质再生水源源不断注入周边的白家浜、叶家浜等断头河浜，实施生态补水，逐步修复河道生态环境，使再生水成为城市稳定可靠的"第二水源"。近十年来，平均每天生态补水量达到13 500吨，2021年生态补水量占全市市政杂用、工业用水和生态补水等再生水量的8.25%。

清潭厂建起来了，如何高效优质运行好，尾水能否控制达标，这对新生的污水厂和行业管理者是考验。建厂初期工厂就派出包括污水及泵房操作、水质化验、机械维修等4个工种7名骨干，赴上海彭浦污水处理厂跟班学习三个月，熟悉流程环节，掌握实操技能，强化应对本领。2000年9月，污水处理班班长丁江萍还被派往德国斯图加特污水处理研究所研修，学习世界最先进的污水处理工艺，成为中国第一批经过专业培训的污水处理女技师，全国仅3位。这批早期入行者后来成为污水处理的专业匠人，他们又是种子，为后续建成的城北、江边、戚墅堰等污水厂培养和输送了大批专业运营管理骨干。清潭厂成为污水处理能工巧匠的基地和摇篮。

2020年8月，江边污水处理厂四期工程建成投运后，清潭厂服务片区的污水处理全部转移至江边污水处理厂，清潭厂完成了它的历史使命，污水处理的主业功能停摆转型。在保留作为一座具有历史价值的城市基础设施遗存的同时，清潭厂逐步转型为初期雨水处理及河水净化工厂，用它特有的能力，涌动而不喧哗，务实而不张扬，继续发挥着它的功能。这里还成为科普教育馆和新生代的网红打卡地（图28-2）。

　　清潭污水处理厂作为城市污水处理发展的起源地，还见证了常州市排水行业40年以来的高速发展，不仅全过程经历了常州市污水处理设施初期建设、世行贷款常州市污水治理一期工程建设、黑臭水体治理清水工程建设等三轮规模性建设；经历了常州市区污水处理设施从最初的占地9.9亩、处理规模5 000吨/日，到目前的占地2 300亩、处理规模75万吨/日的历史性巨变；2021年污水处理量43 598万吨，是1990年的31倍，以及2 000多千米雨污管网的运行维护，服务范围超过400多平方千米的能力；也经历了常州市排水处从成立伊始，直至担任省排水协会主任委员单位，成为省内排水行业的"排头兵"、城市排水"重量级选手"的发展历程。

图28-2　清潭污水处理厂（摄于2024年）
来源：常州市城市建设档案馆

法国大文豪雨果说过，"下水道"是城市的良心。要检验一个城市文明程度一场暴雨就够了。伦敦和巴黎的下水道系统，都已经有150多年历史，却仍然保持着强大的排涝功能，巴黎的排水系统甚至成了参观景点，而建成于2006年的东京地下排水系统，更堪称牢固、先进，护卫着东京免遭内涝灾害。

随着物联网、大数据及移动互联网等新技术不断融入传统行业的各个环节，常州的智慧排水也在新技术融入中不断服务城市生活并在全国做出示范。目前智慧排水系统已经覆盖3座城市污水处理厂[4]、172座雨污水提升泵站、2 000千米管网、10万只检查井、4 400台套排水设备，不仅在3座污水处理厂实现业务中台、数据中台、"数据大脑"有效衔接，对2 000多千米污水管网即"下水道"一网全清、了然于胸，还依靠"探测仪""机器人""冲刷机"，通过联结物联网和移动终端，实时掌握管网场景，在排险维护中大显神威，大大改善了老一代排水人艰苦又危险的工作环境。每年雨季，智慧管网还为"下水道"的畅通无阻和调节泄洪显神功，最大限度地降低疾风暴雨对城市道路的侵扰，为每座立交每个隧道，为城市的防汛防涝安然出行保驾护航。

污水处理和治理是一项耗资巨大的工程。即使人财物的不断投入，污水处理的能力与排污量之间仍有差距，处理量的增加还滞后于污水排放量的增长。为了增强全民水资源意识，政府通过调节和提高含有污水处理费在内的民用与工业用水价格，倒逼公民的节水和环保意识。在未来相当长时期，每位公民在日常生活中能做的就是，正确区分雨水管和污水管；减少不必要建筑物污废水和洗涤等生活排污对雨水管的侵入；节约用水减少生活用水的排放量，减轻污水处理的压力。这是保护我们生存环境的需要，更是为我们子孙后代谋求福祉的需要。

本章注解

1　雨污分流，是一种排水体制，是将雨水和污水分开，各用一条管道输送，进行排放或后续处理的排污方式。雨水通过雨水管网直接排到河道，污水则通过污水管网收集后，送到污水处理厂进行处理，避免污水直接进入河道造成污染，且雨水的收集利用和集中管理排放，可降低水量对污水厂的冲击，保证污水处理厂的处理效率。

2　卢锦堂（1850—1935），字正衡，实业家、慈善家、教育家，原籍福建永定，嘉庆年间先辈迁来武进城内南大街小马园巷口。卢早年经商，清光绪三十二年（1906)与恽祖祁等集资开办常州第一家商业银行——和慎商行储蓄有限公司，任经理，因资本雄厚生意甚大，为早年常州金融巨子之一。卢关心地方公益，是筹办救火会、自来水厂的最早发起人之一。1927年，他捐资3万余元，创办私立常州正衡中学（即市一中前身），聘地方名流庄蕴宽为名誉董事长，为地方培养大批人才。

3　合流制排水系统，指将所有排水管道通过接管连接到一条总管道上，形成一个总的排水系统。在此系统中，污水和雨水会混合在一起，经过处理之后排放到污水处理厂，或者在不严格的条件下，直接排放到河流或海洋中。

4　3座城市污水处理厂，即城北污水处理厂、戚墅堰污水处理厂、江边污水处理厂。

大庙弄电视塔

　　作为一个城市的地标建筑，145米高的电视塔显得不够抢眼，与广州小蛮腰塔、上海东方明珠塔相比更是塔群家族中的小弟弟。但值得骄傲的是，145米高的常州大庙弄电视塔（以下简称大庙弄塔）建成于40年前的1983年9月29日，并在国庆当日实现了节目播出。作为具有里程碑意义的电视塔落成，使得广播电视在常州向前跨越了一大步。

　　在数字网络电视之前，收看电视的方式主要靠信号的接收，而发射塔越高，辐射和传播的范围越广，信号越清晰。大庙弄塔建成之前，为了电视信号更好地接收，光发射塔就前后腾挪了两次。

　　起初的1975年，发射机房借用物资大楼七楼顶层的电梯机房，面积仅45平方米，发射塔是利用物资大楼原有的接收天线小铁塔进行改造，发射天线采用半波振子天线，海拔63.2米，覆盖半径仅7.5千米（图29-1）。这一年12月26日，也就是通过这个发射天线，常州电视转播台第9频道接收转播了中央电视台（时称北京电视台）的信号，开启了电视新天地。市民百姓看到了过去只有在电影里才看得到的动态画面，个个喜上眉梢欣喜若狂，也由此打开了看中国看世界看精彩的窗户。每晚七点，在以"向阳院"为集中观看点的大杂院里，扶老携幼里外三层，风雨无阻

图 29-1　物资大楼电视天线
来源：《记忆龙城——百年常州旧影集》，中共党史出版社，2009 年

天天爆满，尽管当时还仅仅是巴掌大的9英寸（22.86厘米）黑白电视机，但这是五十年前常州电视元年的画面。这一天，也是常州电视台成立纪念日。

　　1978年9月，发射机房又迁移至南大门的兰陵饭店顶部（图29-2），机房面积扩大到212平方米，发射天线海拔70.825米，技术改良后的天线覆盖半径扩大到20千米，收看的范围更广了些。1979年12月26日，在添置了差转机并经省广播事业局批准，常州电视转播台用第6频道接转上海电视台节目，由此市民多了一个频道选择。

　　"秀才不出门能知天下事"，如果说听广播是知天下，而看电视则是观天下。当时城市文化生活犹如当年百姓的着装，黑灰基调单一呆板，人们希望通过电视带给生活更多的快乐和情趣。电视的五光十色和多彩斑斓的魅力，勾起的观众的欲望远远超出了预期，市民百姓渴望看到更多看得更清，而这无疑对电视人提出了挑战。

图 29-2 兰陵大厦电视天线
来源：《百年常州》，南京大学出版社，2009 年

两次挪地，费时费力，借梯登高，也非长久之计。要有更好的收看效果，必须建设高大上的电视发射塔！而1983年的常州，古城依旧，一穷二白，还远远没有改革开放富起来。作为当年市政府向常州市民承诺的十件大事之一，电视塔的建设万众瞩目。

据资料记载，该塔由安徽电力设计院设计，1981年底完成并通过了设计方案，为四边形自立钢管塔，总高度145米，下部由四条75米长的优质无缝锰钢管材作支撑，托起中间直径为15米的圆盘形微波天线机房，机房的上面就是60米高耸入云的电视调频天线架。1982年7月确定选址在大庙弄30号院内，同年8月30日举行了建塔奠基开工典礼。此后安徽电力设计院钻探队进行了基础地质钻探，并由常州市建筑工程三处施工建设塔基部分，常州化工设备安装公司（能源设备厂）焊接和安装塔架主体。从奠基开工到竣工开播前后不到400天时间，电视塔作为当时的城市新地标巍峨耸立在城市的中央（图29-3）。

说时容易做时难，难在当年条件下物资短缺和施工技术有限。锰钢，为高强度钢材，耐冲击抗断裂，适宜钢架结构，但当时锰钢生产厂家很少。巧的是时任广播电视局局长的朱珊南与四川一家生产无缝锰钢管材的厂长是战友。朱局长携带材料清单风尘仆仆星夜赶往四川，在老战友的鼎力支持下，仅用70万元人民币购齐配足了清单上的所有无缝钢管材料。材料进场后，当年年富力强一个顶俩的能源设备厂厂长姚永方迅速组织人员焊接施工，按照万分之一设计精度要求，对每个焊接点进行探伤测试，安装误差严格控制在每10米在1毫米以内。吊装过程也是惊心动魄，幸运的是，整个焊接和安装期间，龙城大地风调雨顺朗朗晴空，"老天有眼帮大忙"，工程得以顺利平安进行，完美收官惊艳亮相。

建成后的电视塔收转频道增加到了6个，让市民有了更多的收视体验，而电视机更是毋庸置疑地成为家庭娱乐的主角，1981年的《霍元甲》、1983年的《射雕英雄传》、1985年的《上海滩》，每当这些80年代热门电视连续剧上演，全家总动员家庭大团圆。中国女排蝉联世界杯、世锦赛和奥运会冠军，尤其1984年奥运会女排冠军实现"三连冠"，比赛实况现场直播，举国欢腾，万人空巷，市民百姓度过了难忘的不眠之夜。整个八九十年代，人们对电视机的钟情就像今天人们对手机的痴迷，电视的张力和魅力乘风破浪，登峰造极。

由于网络通信技术的快速发展和迭代升级，通过电视发射塔模拟信号传输的传统方式走到了尽头，2011年7月，大庙弄电视塔关闭了。

伴随着信息技术的日新月异，网络光纤将电视信号传入千家万户，用数字技术、网络方式传播电视信息成为

图 29-3　建成之初的大庙弄电视塔
来源：《记忆龙城——百年常州旧影集》，
中共党史出版社，2009 年

主流。在电视连续剧成为收视率主体，《非诚勿扰》《爸爸去哪儿》《百里挑一》等娱乐节目吸引众多粉丝，在近30年的激情澎湃后，电视媒体遇到了无可匹敌的对手，信息传播进入了多媒体、融媒体时代。

以手机终端为代表的移动通信依仗其集成能力强、信息更新快、传播速度快、受众对象广以及全天候无障碍等强大优势，迅速成为信息传播主流，QQ、微信、抖音、小红书等，以几乎日日刷新的界面，以"点石成金"之计、以摧枯拉朽之势，毫不留情地挤压电视市场份额，以各自技术优势和市场竞争手段，拼抢市场空间，成为年轻一代爱不释手日夜信守的玩伴。尽管电视媒体也试图提供超越节目之外的全方位社区生活信息服务，但终究因传播方式的制约、受众对象的日趋减少而举步维艰、难转乾坤。

回首溯源，广播电视一路走来波澜起伏。1949年4月23日，伴随着常州城解放，人民解放军第三野战军前线分社奉命接管1932年设立的国民党武进县党部广播电台和1947年三青团设立的常青广播电台，并在大庙弄中山纪念堂内筹建常州广播电台，4月27日试播，每天4小时。10月1日，更名后的常州人民广播电台在市体育场转播了北京新华广播电台播出的中华人民共和国开国大典实况，翻开了广播电台崭新的一页。在此后的30多年时间里，广播作为党和政府的主流声音传到城市乡村和千家万户。80年代后，电视风起云涌，广播一度被人们所忽略几乎遗

图 29-4　大庙弄电视塔（摄于 2024 年）
来源：常州市城市建设档案馆

忘。时过境迁，几近沉浮曾经沦为配角的广播电台，因为近10多年来汽车的发展走进千家万户而迎来新生，广播带着时代的多元精彩和人文关怀，一路快乐全程伴随，跨越时空成为新宠，以比电视传播更方便快捷、更低廉绿色成为传统媒体满血复活的样板。

2021年，在对大庙弄片区更新改造规划中，电视塔再次进入人们的视线。规划设计显示，高塔部分将刷红色防火漆，顶部圆柱体改为弧形显示屏，塔表面设LED灯珠帘，夜间霓虹光影变幻；保留并修缮水刷石、马赛克、铜制落水管等20世纪70年代的建筑记忆。结合文化创意，改造后的电视塔主题为常州爱情塔，集主题餐厅、展览及文创于一体，并营造网红爆点，成为大庙弄的视觉中心，在熙熙攘攘的老城区里拂去尘埃再放异彩（图29-4）。期待她的新生。

《未来属于我》

　　中国是一个雕塑古国。早期的雕塑常为建筑的附属品，至于早期的"城市雕塑"，则多用作纪念和祭祀。传说黄帝死后，大臣左彻用木头刻了黄帝像并率领诸侯拜祭，这也许是传说之中我国最早的城市雕塑。在漫长的封建社会中，雕塑或服务于皇权，陈列于皇家陵园，或服务于宗教，立于宗庙殿堂之间，这些雕塑开始走出作为城市雕塑的第一步。但这些并不是现代意义上的城市雕塑，真正的城市雕塑应该是服务于大众、服务于城市，背后蕴含着一个城市的人文与历史，是一个城市精神的标志，是城市上空的光环。

　　真正的城市雕塑在中国属"舶来品"。鸦片战争之后，中国首次出现现代意义上的城市雕塑，但带有浓重的屈辱色彩。五四运动爆发后，一批留学西方、思想解放的艺术家满怀救国救民的热情和理想回到祖国，创作了一批纪念性雕塑，以此鼓舞人民斗志、颂扬民族的解放和独立。至此，具有中国传统文化价值和民族精神的现代城市雕塑才在中国破土萌芽。新中国成立后，城市雕塑中出现了一批以政治和革命为题材的作品，成为那个时代的坐标。一时之间，造型相似的伟人像、工农大团结像散布于祖国各地的广场上、政府楼前、学校里，而且多集中在北上广等大城市，时代色彩明显。而城市雕塑从单一表现政治历史逐渐向人文生活转移的"质

图 30-1　建成之初的《未来属于我》
来源：《百年常州》，南京大学出版社，2009 年

变"是在1978年改革开放以后。

改革开放前，常州和全国大多数城市一样，几乎没有地标性的城市雕塑。而1985年落成的位于江南商场广场的《未来属于我》大型城市雕塑（图30-1），不仅具有时代特征、彰显价值取向，还蕴藏着那个年代特有的执着精神。近40年后的今天，尽管风格不同大小迥异的各类雕塑坐落在城市的东南西北，但《未来属于我》仍以独特的魅力，拥有着她作为城市地标之一的应有位置。

1978年3月，被誉为"科技的春天"的全国科技大会在北京召开，之后，全国各地掀起学科学爱科学热潮，到了80年代中期全国各地又兴起一股热潮，开展形式多样的青年林、青年大道等青年工程建设。当时的常州，因"苏南模式"成为全国中小城市学习的榜样。为了宣传常州青年爱科学、爱知识，奋发有为的精神风貌，同时为作为样板城市的常州增添靓色，团市委决定打造"我们爱科学"主题青年雕塑工程。

作为群团组织的团市委要做成这样一件事碰到的困难还不少。

首先是设计和规划。据雕塑工程参与者、见证者回忆，为了把雕塑建好，他们向全国各地的雕塑设计师发出了设计征集令。此后不久陆续从北京、杭州等地收到众多的投稿，有的是照片，有的是模型。来自广州雕塑院的著名雕塑家唐大禧的以马为主体的模型方案让大家眼前一亮并脱颖而出。而唐大禧设计的原型是两匹马、一男一女，女青年手托金钥匙，男青年手托原子轨道结构图，后来考虑到经费、场地和施工等多个因素，缩减调整为现在的图案：在蓝天白云下，一位手擎金钥匙的女青年意气风发地骑在马背上，寓意高举打开未来和知识之门的钥匙，向科学王国进军，以此表现常州青年探索世界、开拓创新、建设常州的形象。

除了雕塑造型，安置地点也经历了变化。最初选定的雕塑摆放地点并不是现在的江南商场，而是当时的兰陵中心广场。当时，常州流传一句话——"金边银角烂肚肠"，意思是说城市周边的道路建设得比较早比较好了，但市区的一些道路环境还比较陈旧。后来经过反复权衡，考虑到未来市区规划定位，最终把雕塑建设放到了现在的位置。

接下来是钱从哪儿来。雕塑从设计到建造完成，总投资约需要30万元，而20世纪80年代"万元户"是许多人的梦想，这对月工资刚过30元的工薪阶层来讲，已属"天价"。建雕塑最大的困难就是缺钱，当时，财政不出一分钱，唯一的办法只能通过捐款来募集建设资金。团市委向全市团组织和青年发出了青年工程青年建的倡议，得到了积极响应，尽管80年代的年轻人大都还不富裕，但他们的心是火热的，他们几元几毛甚至几分地捐，聚沙成塔、滴水成海，众人拾柴火焰高，最终募捐到十几万元。除了各级团组织和青年募捐外，爱心企业也积极响应慷慨解囊提供赞助，最终30万元资金得以筹集到位。

团员青年不仅出钱，还出力。根据设计方案和施工程序，先要按照一比一的比例做泥塑，为做石膏雕塑做准备。而泥塑需要乌金泥，但这种泥在常州不常见。于是，各个单位的团组织就发动团员青年到四处的河塘找泥挖泥。人多力量大，结果找来的乌金泥铺满了当时借用的第三棉纺织厂半个会场。雕塑锻造时，施工地点改换到西郊的洪庄机械厂，洪庄机械厂当时是部属军工企业，焊接技术是工厂的独门绝技，工厂不仅免费提供场地，还提供技术精湛的焊工。因为生产任务需要，一段时间后洪庄机械厂的焊工师傅回到了原来的岗位，常州客车厂得知情况后随即支援了几名焊工，施工得以接续进行。遗憾的是，其中一名焊工在焊接操作中发生炸膛，痛失了一只眼睛。在整个雕塑施工过程中，为了节省开支，许多任务都是由人员义务劳动完成的。在红旗招展的工地上，无数青年志愿者奉献了汗水、智慧和力量，谱写了一曲新时代的青春之歌。

在当时中国的城市雕塑中，还没有十分成熟的技术来创作这么大的雕塑。经过方案比选，唐大禧决定借鉴苏联的雕塑技术，采用"铜皮敲打"锻造工艺，先用水泥做好模子，然后把铜皮加热，一个部位一个部位地进行敲打，分解完成雕塑作品的各个部位后再进行拼装。因为预算有限，为了节省材料，雕塑并没有做成实心的，用的是厚度较大的铜皮。雕塑需要大量铜板材，这种紧缺材料在当时的常州市场上还难觅踪影。后经过多方打听，了解到河南洛阳一家企业生产这样的铜板材，但这家企业是军工企业，没有关系很难拿到。巧的是，当时一位分管城建的领导正好在那个厂里有熟人，于是通过打招呼、批条子，洛阳那家工厂才同意供货。常州到洛阳800多千米，当时不仅没有高速公路，即使一般公路路况也差，司机用了三天时间才将满载3吨重的铜板运回常州，车辆和司机还是常州达立电池厂无偿提供的。

当雕塑作品在经过无数次、无数个部位的敲打、拼装和打磨后，露出她雄姿英发的身姿时，现场参与的工人们欢腾欢呼起来，布满倦意的脸上洋溢着深深的成就感。

就在雕塑施工的过程中，还有一件事一直困扰着团市委的工作人员，那就是找名人题字。那个年代，有名气的常州籍书画艺术家首推大师刘海粟。于是，就通过刘海粟的侄子刘作如联系到刘海粟老先生，老先生听到是家乡的事欣然答应。

按照原来的约定，海老的题字应该是"未来属于我们"共6个字。但赶到上海海老家中取到题字后发现，6个字变成了5个，少了一个"们"字。当时工作人员很忐忑，担心自己没有完成任务，怕领导批评。但回到常州后，发现同事们对少了一个字的题字一致叫好，漏掉"们"后，题字代入感更强，5个字比6个字读起来更有力道！碑记则由常州著名书法家胡一飞亲自操刀，直接用朱砂在花岗岩上题字。题字的当天气温骤降，寒风中飘雪，老先生还特意喝了点酒御寒，即使这样，老先生仍是难以下笔，后来，把徒弟喊来帮忙才最终把308个字的碑记完成。

《未来属于我》碑记详细描述了雕塑的建设概貌。"象征着工业城新一代奋发进取风貌的紫铜雕像——未来属于我，由团市委、市青联发动青年集资并组织力量，于1985年3月19日动工，同年12月25日落成。雕像重7吨，高9.3米，长7.5米，宽2.5米，采用铜片锻打工艺，由雕塑家唐大禧和他的助手俞畅共同创作；艺术大师刘海粟题字；航空工业部常州飞机制造厂锻焊组装；市建筑设计院设计金属结构；市规划处和市人防工程设计室分别设计基座外部和基座结构；市人防工程公司基座施工；市汽车运输公司起重队吊装；苏州吴县花木公司古建筑队花岗石贴面。整个工程得到了社会各方面的鼎力相助。"

年逾80岁高龄的唐大禧现在生活在广州。为了完成这一雕塑工程，当年唐大禧和助手俞畅在常州生活了一年多，90年代初唐大禧为了再次看这件作品，专门来过常州，这也是他35年间唯一一次回来。《未来属于我》在当时是全国最大的城市雕塑之一，一经问世就在雕塑界引起不小的反响，1987年该作品还荣获首届全国城市雕塑优秀奖，为唐大禧的艺术生涯画上浓墨重彩的一笔，并成为他心目中最重要的作品。

城市雕塑是"立体的画，凝固的诗"。它不是简单的一个艺术形体，而是反映一座城市的历史文化、城市精神的重要载体。它不仅能引领人们的价值取向，也能有效提升城市的文化品位和现代化文明水平。

图 30-2 《未来属于我》（摄于 2024 年）
来源：常州市城市建设档案馆

30多年过去，这座雕塑已经和常州城融为一体，彰显着这座城市的朝气与活力。2021年，对包括雕塑在内的江南商场附近区域进行了综合整治，对雕塑四周包括绿植、建筑等周边景观进行了提升改造。提升改造后的巨大雕塑在蓝天白云的映衬下充满浪漫主义情怀和英雄主义的味道（图30-2）。

附录

金融大楼

原金融大楼位于小营前，打索巷北口东侧，总建筑面积7 072平方米，其中地下建筑面积550平方米，主楼10层、局部12层，总高47.3米，钢筋混凝土剪力框架结构，外墙全部玻璃马赛克贴面，局部磨光花岗石板，色彩朴素和谐。大楼由中国人民银行常州中心支行委托中房常州公司代建，由常州建筑设计院设计，市第二建筑公司施工，是常州市第一幢十层临街建筑。大楼工程于1982年8月破土动工，1985年11月竣工，2022年拆除。

金融大楼
来源：《常州城市建设志》

科技大楼

原科技大楼位于市中心，文化宫西侧，原址为明末崇祯年间状元杨廷鉴府第的一部分，建造大楼时另拆迁了部分民居。科技大楼总建筑面积7 329平方米，高12层、局部13层，总高度47.9米。箱形预制桩基础，钢筋混凝土剪力框架结构。大楼由当时的常州市科委委托中房常州公司代建，由常州建筑设计院设计，市第二建筑公司施工。大楼工程于1985年7月破土动工，1987年12月竣工，2006年拆除。

科技大楼
来源：蒋钰祥

中联大厦

原中联大厦位于延陵西路东段，工人文化宫对面，总建筑面积12 400平方米，主楼高11层（含地下室一层），总高50.3米，平面采用大柱网的尺寸，内部布局灵活，空间开阔，主入口设计了剪刀式楼梯，立面以竖条式为主配以横线条的方格式，用紫色为主的玻璃马赛克饰面。大楼由江苏省供销合作社、常州市供销合作社与中国人民保险总公司及上海分公司联合投资建设，是集商场、旅馆、餐厅、娱乐及办公于一体的多功能综合性大型公共建筑。大楼由常州建筑设计院设计，市第二建筑公司施工。大楼工程于1984年12月动工，1987年5月竣工，2017年拆除。

中联大厦
来源：《百年常州》，南京大学出版社，2009 年

主要参考文献及书目

1. 常州地方志办公室，《常州年鉴（1990—2000）》

2. 常州城市建设志编纂委员会，《常州城市建设志》，中国建筑工业出版社，1993

3. 常州地方志办公室，《新时期常州城市建设史（1978—2015）》，凤凰出版社，2016

4. 江苏省粮食局，《江苏省粮食志》，江苏人民出版社，1993

5. 常州体育志编纂委员会，《常州体育志》，方志出版社，2004

6. 常州市工会志编纂委员会，《常州市工会志》，江苏古籍出版社，1993

7. 常州纺织工业局编史修志办公室，《常州纺织史料》，1982

8. 常州建筑工程总公司志编写办公室，《常州市建筑工程总公司志（1952—1985）》，1988

9. 常州市商业志编纂委员会，《常州市商业志》，江苏科技出版社，1994

10. 常州市外事旅游志编纂委员会，《常州市外事旅游志》，1988

11. 中国房屋建设开发公司常州公司志编纂委员会，《中国房屋建设开发公司常州公司志（1981—1986）》，1987

12. 常州港华燃气志编纂委员会，《常州港华燃气志（1981—2011）》，2013

13. 常州市第一人民医院，《百年真儒》，2018

14. 常州邮电志编纂委员会，《常州邮电志》，1985

15. 常州供电局，《常州电力工业志》，上海人民出版社，1989

16. 常州东风印染厂志编纂委员会，《常州东风印染厂志》，1988

17. 常州东方红印染厂志编纂委员会，《常州东方红印染厂志》，1986

18. 吕振远，《刘国钧研究特刊——我在后大成时代》，2021

19. 徐建华，《外裹铁甲，内修灵秀——忆常州分行老行长宋修高》，2019

20. 周仲贤，《夕阳情怀》，2015

后记

退休之余，我一直想我还能干点什么。

或许是在建设部门工作过的缘故，或许是对这座城市具有的感情和热爱，近年来，我对城市建筑的历史产生了兴趣。"建筑是用石头写成的史书"。走在街上，看着不同时期的大楼建筑，我经常想，当时为什么要建这些大楼，这么多年来在这些楼里发生过哪些事情，现在这些大楼的归属又是谁，等等。兴趣和好奇驱使我一探究竟，了解藏在这些大楼建筑背后的故事和记忆，而建筑记忆是城市记忆的重要组成部分，记录建筑就是记录城市。

常州，中国历史文化名城，有着悠久灿烂的历史文化。早在6 000多年前的新石器时代，常州的先民就在戚墅堰圩墩村建立原始村落，从先秦两汉的秦砖汉瓦到当今现代的广厦万千，从隋唐佛道两教的宫殿寺观到清末民初建筑的中西合璧，从榫卯砖雕门楼到钢筋混凝土装配式智能建筑，建筑是人类文明进步的结晶，无不浸淫和印刻着历史的痕迹。在漫长的历史演进中，常州城既有曾经的昔日辉煌，更有饱经沧桑的悲壮，留存至今的建筑遗产廖若晨星、弥足珍贵，值得我们及后人倍加珍惜，保护传承。

"我们有5 000年的历史，却少有50年的建筑"。促使我做这件事的另外一个动因是城市的快速发展。近几十年是城市变化最快的时期，为了城市发展和更新，许多建筑被拆迁，有的建筑存续时间很短，即使80年代中后期建造的地处延陵路的金融大楼、中联大厦、科技大楼也已荡然无存，仅仅留在人们的记忆中。记录老建筑曾经的过往点滴，既是老建筑传承和保护的需要，也是历史文化保护传承的需要，有的甚至还迫在眉睫、刻不容缓。

按照我国对历史建筑的大致时间界定，50年以上的称为历史建筑，存续50年左右、基本保持建筑物的原真性，是我对收入本书的老建筑研究的两个基本元素。为了了解这些大楼建筑的前世今生和来龙去脉，我通过查阅档案资料、阅读年鉴图鉴，揭开历史的尘封，试图再现当年建筑的原貌；通过前后走访采访100多位当年的老领导、老同志，包括参与工程建设的建筑设计师、施工人员及相关当事人，通过回忆、交流，了解大楼建设过程以及历经风霜雨雪的不凡历程；通过搜集、挖掘、甄别和整理，大致梳理和勾勒了大楼建筑与时代变迁、城市发展共生共荣的基本线索和印象印迹。

为此，我要感谢受访的工程项目设计师、工程师和建设参与者，感谢大楼主体单位的配合支持，更要感谢接受采访的许多年逾古稀、年届耄耋的老局长、老厂长、老经理，他们对过往激情燃烧的创业岁月充满深情、侃侃而谈，对曾经的奋斗和付出无怨无悔，对城市的发展和进步欣慰喜悦，我为之感动，由衷地向他们表示深深的敬意！

我还要特别感谢江苏省文物局原局长刘瑾胜多年来对我的关心鼓励并欣然为本书作序，感谢常州市文广新局原副局长、二级调研员周晓东对本书的匡正指导，感谢市住建局、市地方志办、市档案馆等单位的大力协助，感谢市城建档案馆馆长陆开宇的支持帮助，感谢市城建档案馆王康，市建设摄影协会阚庆涛、屠志强对照片拍摄及收集整理的辛勤付出，感谢江苏理工学院丁奕副教授对书籍装帧设计的指导帮助，以及蔡玲玉、李文秀两位老师，赵雨晴、杨慧茹、魏昕祺、周家辉等同学绘制的精美插图，感谢汉唐广告公司对书籍排版设计的支持协助，感谢东南大学出版社宋华莉老师，她的鼎力支持才使得本书顺利出版，感谢所有为本书出版提供帮助和支持的人，在此不一一列出。

因时间久远，许多当事人已无法找到，或年事已高，或记忆模糊，当年建设的过程和全貌已难以完整翔实地描述描绘，加上大楼建筑所在单位机构的数次变动，许多原始档案、历史资料或丢失或无法查询，所以尽管经过作者努力，但仍挂一漏万、管中窥豹，有些背景、诸多细节还不够精准和全面，不少情节还显单薄和乏味，期望当事者、知情人读后批评指正、勘误更正，拾遗补缺、补充完善，从这个意义上说，这本拙作是"寻人启事"，同时又是"抛砖引玉"，因作者专业能力所限，本书对建筑的空间结构及建造技艺等鲜有描述，既是缺憾，也是留白，为此，期待更多的专家学者、热心人士和社会力量参与传统建筑、历史建筑的收集整理和系统研究工作，为常州这座历史文化名城丰富底蕴、沉淀厚重，为我们的城市和我们的后人留下更多宝贵的史料。

2023 年 12 月 22 日冬至

于湛怡堂